AUF DEM PUNKT

Renée Schroeder

Der Traum von der Unsterblichkeit

us der Reihe »Auf dem Punkt«

erausgegeben von Hannes Androsch

Vorwort des Herausgebers

Unsere Welt befindet sich in tiefgreifendem, rasantem Wandel. Der Umbruch der Gesellschaft mit ihrer zunehmenden Komplexität und der Umbruch politischer Ordnungen führen zu neuer Unübersichtlichkeit, welche wachsende Verunsicherung erzeugt.

Um dies abzuwenden, bedarf es Orientierung und zukunftsfähiger Perspektiven. Angesichts von Halbwahrheiten und Schlagworten in alten und neuen Medien ist es notwendig, Relevantes und Irrelevantes, Sinn und Unsinn zu unterscheiden. Und es wird fundiertes Wissen über die großen Themen der Gegenwart benötigt, um durch die Flut von Daten, Halbwahrheiten und Fake News navigieren zu können und sich zurechtzufinden. Aus diesem Grund nehmen führende Intellektuelle, Expertinnen und Experten in der Reihe **Auf dem Punkt** zu den großen Fragen unserer Zeit Stellung.

Eine dieser drängenden Fragen ist die weltweit steigende Lebenserwartung, die sich im vergangenen Jahrhundert verdoppelt hat. In der EU wird ein Mann im Schnitt 77 Jahre alt, eine Frau 83 Jahre.

Grundsätzlich eine erfreuliche Entwicklung, basierend auf besserer Ernährung, medizinischem Fortschritt, besseren hygienischen Bedingungen, mehr Freizeit, höherer Bildung und vergleichsweise friedlichen Zeiten.

Die steigende Lebenserwartung geht aber auch mit einer fortschreitenden Überalterung einher: In der EU wird bis 2050 jede dritte Person über 65 Jahre alt sein. Gepaart mit niedrigen Geburtenraten, stellt das Gesundheits- und Sozialsysteme sowie die Wirtschaft vor Herausforderungen. Zumal die Zahl der gesunden Lebensjahre nicht in gleichem Ausmaß wie die Lebenserwartung zunimmt.

Deshalb boomt das „Anti-Aging"-Geschäft und viel Geld geht in den Wunsch, das Unvermeidliche möglichst lange hinauszuzögern – oder gleich ganz abzuschaffen. „Unsterblichkeit! Schöner Gedanke!", meinte schon Heinrich Heine.

Die religiöse Komponente des ewigen Lebens ist einer realistischen Hoffnung in die Macht der Wissenschaft gewichen. Renée Schroeder zeigt in diesem Buch, wie nahe wir dem Traum gekommen sind, das Leben nicht nur einfacher, angenehmer, sicherer und gesünder zu machen, sondern auch länger.

Dr. Hannes Androsch

Vorbemerkung

Der Mensch ist im Allgemeinen unzufrieden. Schon früh hat er erkannt, dass er ein Mangelwesen ist, dass vieles nicht so funktioniert, wie er es gerne hätte. Er hat die Erfahrung gemacht, dass das Leben jedes Einzelnen ein Ende hat. Das kränkt ihn. Er leidet unter seinen Unzulänglichkeiten. Und der Tod ist überhaupt der größte Spielverderber.

Der Traum, nicht altern zu müssen, scheint da sehr attraktiv, Versprechungen vom ewigen Leben sind seit Langem ein erfolgreiches Geschäftsmodell. Dank unserer Fähigkeit, kreativ zu denken und zu handeln, haben wir schon sehr erfolgreich unsere Lebenserwartung verlängert – trotzdem haben wir Menschen immer noch ein Ablaufdatum. Können wir dieses weiter ausdehnen oder sogar ganz abschaffen? Könnten wir es schaffen, uns so umzuprogrammieren, dass wir nicht mehr altern? Ich bin davon überzeugt, dass dies möglich ist. In diesem Buch möchte ich zeigen, wie weit wir auf diesem Weg bereits sind und was wir tun können, um tatsächlich nicht mehr zu altern.

Seit Beginn der menschlichen Kultur, vor 70.000 Jahren, wird der Mensch immer erfinderischer, um sein Überleben auf der Erde sicherzustellen. Er hat nach und nach seine eigene Evolution in die Hand genommen. Er hat immer mehr Dinge erfunden, um seine Mängel ausgleichen und ein möglichst bequemes Leben führen zu können. Das beginnt bei einfachen Dingen wie Kleidung, Behausungen, Sehbehelfe, Maschinen und Medizin und führt zur Züchtung von Lebewesen, die ihm dienen. All das in der Hoffnung, dass er sein Leben beherrscht und ihm genug Nahrung zur Verfügung steht. Jetzt, im 21. Jahrhundert, haben wir die Werkzeuge, um unsere Gene zu korrigieren, aber auch um uns neue Eigenschaften anzueignen. Wenn wir uns genau betrachten, sind wir natürlich programmierbare Organismen. Und wir haben mittlerweile gelernt, wie es technologisch machbar ist, unsere Gene so umzuprogrammieren, dass wir möglichst lange leben.

Ich verrate es gleich: Nicht zu altern heißt noch lange nicht, unsterblich zu sein. Etliche Tiere, die nicht altern und sich ständig regenerieren können, sterben – ganz einfach, weil sie gefressen werden. Sollten wir es schaffen, die Biotechnologie so einzusetzen, dass wir nicht mehr altern, gibt es immer noch sinnlose Kriege, Verbrechen, Krankheiten und Unfälle.

Trotzdem können wir »Was wäre, wenn« spielen und über Szenarien nachdenken, wie eine Welt aussehen könnte, in der wir Menschen nicht mehr altern. Gleichzeitig müssen wir uns aber auch überlegen, ob wir das überhaupt wollen. Sterben werden wir weiterhin. Den Tod kann man nicht abschaffen. Das Ziel ist aber, ihn möglichst lange hinauszuzögern.

Die derzeitige maximale menschliche Lebenserwartung liegt bei 122 Jahren. Theoretisch: Nur sehr wenige erreichen dieses Alter tatsächlich. Die Wissenschaft streitet darüber, ob es überhaupt ein maximales Alter für Menschen gibt oder ob diese Altersgrenze beliebig verschoben werden kann. Dieses hohe Alter hat aber eine Kehrseite: Ich gehe davon aus, dass wir Menschen nicht mehr ohne unsere technologischen Errungenschaften und Hilfsmittel überleben können. Wir leben zwar länger und haben eine hohe Lebensqualität, aber wir sind biologisch gesehen weniger fit, als wir das vor dem Beginn unserer Kultur waren. Anders formuliert: Wären wir allein mit einem Affen auf einer Insel, wäre der Affe uns in puncto Überlebensfähigkeit überlegen.

In den folgenden Kapiteln werde ich einen Streifzug durch die Biotechnologie unternehmen und zeigen, dass wir schon sehr weit gekommen sind in unserem Bestreben, gesund und fit ein hohes Alter zu erreichen. Neue wissenschaftliche Erkenntnisse ermöglichen uns darüber hinaus spannende Projekte: Wir könnten nicht nur das Wollmammut, sondern auch den Neandertaler wiederauferstehen lassen. Wir könnten »Wesen« erschaffen, die uns das Leben einfacher machen und uns mühselige Arbeiten abnehmen. Diese Beispiele sind keine ferne Zukunftsmusik, unserer Fantasie sind hier keine Grenzen gesetzt. Die Erfahrung hat gezeigt, dass es dank technologischer Meilensteine meistens viel schneller vorangeht, als man erahnen hätte können. Die Biotechnologie hat in meiner Lebenszeit bereits verblüffende Fortschritte gemacht. Ich bin sehr gespannt, was noch alles kommt.

1

Was ist (artifizielles) Leben?

Um die Unsterblichkeit thematisieren zu können, müssen wir vorher das Phänomen Leben unter die Lupe nehmen. Was ist Leben, so wie es bei den Lebewesen auf unserem Planeten Erde vorzufinden ist?

Die Frage »Was ist Leben?« ist wohl die fundamentalste Frage, die man als Wissenschaftlerin stellen kann. Ich habe diese Frage Google gestellt und mit Erstaunen erfahren, dass es keine allgemein akzeptierte Definition für den Begriff Leben gibt. Das kann doch nicht wahr sein! Das ist doch die grundlegendste aller Fragen! Das musste ich natürlich ändern und eine Definition finden, die allen Menschen genügt (Schroeder, 2021).

Die Philosophie beschäftigt sich mit der Frage, was ein gelungenes Leben sein könnte, und denkt seit ein paar Tausend Jahren darüber nach. Ich als Naturwissenschaftlerin möchte eine brauchbare Definition, die mir hilft, das Phänomen Leben bis in seine tiefsten Eigenschaften zu verstehen.

Hier einige Gedanken über das Leben, die zu meiner Definition beigetragen haben: »Das Leben ist ein Prozess! Keine Substanz.« Einerseits muss das Leben als ein System betrachtet werden, das in der Lage ist, Funktionen wie Stoffwechsel,

Ausscheidung, Atmung, Bewegung, Wachstum, Vermehrung und Reaktionen auf externe Reize durchzuführen. Das genügt jedoch nicht. Das sind Eigenschaften von lebenden Systemen; sie reichen aber nicht für eine umfassende Definition des Lebens an sich.

Der Physiker und Nobelpreisträger Erwin Schrödinger sagte: »Leben ist ein Kampf gegen den Zerfall.« Sein Beitrag zur Definition des Lebens ist die Erkenntnis, dass Lebewesen Ordnung erhalten können (Schrödinger, 1944). Ganz entscheidend ist, dass diese Lebewesen dafür eine ständige Energiezufuhr brauchen. Nicht nur zur Erhaltung der Ordnung – auch für ihre Fähigkeit, Ordnung zu schaffen, was ein essenzielles Merkmal von Lebewesen ist. Sie tun das aus eigenem Antrieb. Lebewesen organisieren sich selbst, solange sie genug Energie zur Verfügung haben.

Die kleinste Einheit des Lebens ist die biologische Zelle. Der Nobelpreisträger Paul Nurse hat in seinem Buch »Was ist Leben?« (Nurse, 2021) die Zelle in den Mittelpunkt der Analyse des Lebens gestellt und die fundamentale Frage der Biologie durch ihre kleinste Einheit, die Zelle, bearbeitet. Durch die Vielfalt der Zellen, die wir derzeit auf der Erde vorfinden, lernen wir, wie unterschiedlich Lebewesen sich entwickeln können. Das hilf uns wiederum dabei, den Weg der Evolution zu erkennen. Dass die Evolution als Naturgesetz für die enorme, sich immer abwechselnde Diversität verantwortlich ist, ermöglicht eine grundlegende Erkenntnis. Obwohl Zellen die kleinste biologische Einheit sind, die den Prozess Leben durchlaufen, machen sie deutlich, wie komplex dieser Prozess namens Leben ist.

Ich bin Chemikerin, genauer Biochemikerin. Das ist jene Disziplin, welche sich mit den Molekülen des Lebens beschäftigt und die chemischen Reaktionen, die Lebewesen durchführen müssen, untersucht. Mich hat es daher interessiert, welche chemischen Reaktionen es möglich gemacht haben, dass Leben auf der Erde entstehen konnte. Meine Definition betrachtet daher die kleinsten Einheiten, welche das Leben möglich machen, die Moleküle. Meine Betrachtungsebene des Lebens ist molekular.

Um die Komplexität dieser Moleküle irgendwie erfassen zu können, brauchen wir eine weitere Disziplin: die Bioinformatik. Die Computerwissenschaften machen es möglich, die unvorstellbare Menge an Daten, welche die Forschung generiert, so zu analysieren, dass wir verstehen, was diese Daten bedeuten könnten. Ganz fundamental für unser Verständnis des Lebens ist die künstliche Intelligenz, die es ermöglicht, Algorithmen zu entwerfen, die das Leben simulieren. Das ist derzeit eine sehr ergiebige Quelle, um Hypothesen aufzustellen, die dann experimentell getestet werden können. Ziel dieser Forschungen ist es, den Prozess Leben so genau zu verstehen, dass man durch Simulationen das Verhalten von Zellen und Lebewesen voraussagen könnte (England, 2014).

Meine Definition von Leben lautet also: Das Leben ist ein Prozess, der von einer starken Energiequelle getrieben wird. Einige Atome und Moleküle sind besonders gut geeignet, diese Energie umzusetzen, um ihre eigene Komplexität zu erhöhen und Strukturen aufzubauen, die sie in die Lage versetzen, sich selbst zu vermehren. Sie können diese komplexe Organisation auch aufrechterhalten, indem sie Information generieren und vererben können.

Aus dieser Definition ergibt sich eine essenzielle Eigenschaft von Lebewesen: Sie organisieren sich selbst. Es ist kein »Schöpfer« in Sicht, der ihren Bauplan entwerfen hätte können. Diese Erkenntnis ist entscheidend, wenn wir versuchen möchten, artifizielles Leben zu definieren. Wir gehen ja davon aus, dass wir Menschen den Versuch machen, artifizielle Lebewesen zu schaffen.

Was bedeutet das dann für ein artifizielles Leben? Dieses erschafft sich schließlich nicht selbst. Künstliches Leben (oder synthetische Biologie) wird derzeit als neues multidisziplinäres Forschungsgebiet definiert, dessen Ziel es ist, neue Organismen mit diversen neuen Eigenschaften zu schaffen. Aber ist das überhaupt bereits artifizielles Leben? Es hat sich ja nicht selbst generiert. Darüber hinaus wird sich schnell die Frage stellen, wie lang dieses neue künstliche System seine Eigenschaften aufrechterhalten wird können. Oder wird es sich gleich nach der künstlichen Erzeugung durch den Menschen verselbstständigen und sich selbst neu organisieren? Ich nehme an, dass das der Fall sein wird.

Es ist meine rein persönliche Meinung, dass künstliches oder artifizielles Leben ein Widerspruch in sich ist, da es sich nicht selbst erschafft. Es fehlt diesen neuen Systemen also eine wichtige Eigenschaft des Lebens (zugegeben: Das mag etwas übertrieben sein, denn sich selbst überlassen, werden diese Systeme sich wahrscheinlich selbstständig weiterentwickeln oder zugrunde gehen).

Ich ziehe die Bezeichnung »programmierte Organismen« für artifizielles Leben vor. Das trifft es auf den Punkt: Bestehende Organismen werden ein wenig verändert oder es werden ganz neue Organismen erschaffen – aber es braucht dazu immer bereits lebende Zellen, die umprogrammiert werden. Zellen sind die kleinsten Einheiten des Lebens, und Teile von Zellen können manipuliert werden, sodass Organismen mit neuen Eigenschaften entstehen.

Artifizielles Leben und die Selbstorganisation von Lebewesen

Die Selbstorganisation ist eine fundamentale Eigenschaft von lebenden Systemen und ihren Komponenten: Zellen organisieren sich selbst. Molekulare Maschinen, wie das Ribosom und Multienzymkomplexe, vereinigen sich selbst zu aktiven Zellkomponenten. Die meisten Proteine können sich selbst zu aktiven Strukturen falten, ohne Hilfe von außen. Diese Eigenschaft der Selbstorganisation wird es Forscher*innen, die synthetische biologische Systeme konstruieren wollen, viel leichter machen, als erwartet.

Die Europäische Kommission hat sich bereits 2005 um eine Definition für artifizielles Leben bemüht. Demnach handelt es sich dabei um eine »Anwendung des technischen Systemdesigns auf biologische Systeme, um vorhersagbare und robuste Systeme mit neuartigen Funktionalitäten zu produzieren, die in der Natur nicht existieren« (Europäische Kommission, 2005).

Synthetische Biologie oder künstliches / artifizielles Leben ist also ein weites Forschungsfeld mit dem Ziel, Lebewesen mit neuen Eigenschaften zu erzeugen. Seit wir Menschen vor circa 50 Jahren gelernt haben, jenes Molekül, welches die Eigenschaften von Lebewesen bestimmt, zu manipulieren, haben wir auch verstanden, dass Lebewesen programmierbar sind. Die Desoxyribonukleinsäure, kurz DNA, ist dieses zentrale Trägermolekül der genetischen Information, das wir umprogrammieren können, um Lebewesen mit neuen »artifiziellen« Eigenschaften herzustellen.

Es gibt keine scharfe Grenze, ob dabei ein vollständig neues Lebewesen mit neuer synthetischer DNA oder ein bestehendes Lebewesen mit nur teilweise neuer DNA erschaffen wird.

Die Idee, Leben zu erschaffen, dürfte den Menschen jedenfalls schon lange umtreiben. In der Mythologie existiert etwa die Erschaffung von »Menschen« durch verschiedene Götter in vielen Erzählungen. Prometheus soll den Menschen das Feuer und viel Wissen gegeben haben, damit sich diese von den ungnädigen (oder gar unfähigen?) Göttern befreien können. Aus der Literatur kennen wir Frankenstein, der das Bedürfnis, neue Menschen zu erschaffen, zum Thema macht.

Seit wir Menschen den genetischen Code entschlüsselt haben und auch gelernt haben, wie dieser verändert werden kann, wurde es uns möglich, neue Lebewesen mit gewünschten Eigenschaften zu erschaffen. Es gibt beispielsweise schon lange Bakterien, die menschliches Insulin für die Diabetestherapie herstellen können, und Bierhefen, die eine Impfung gegen Hepatitis B produzieren.

Xenobots: Lebende Roboter

Ein spannendes Ergebnis der synthetischen Biologie ist der Xenobot. Es ist der erste lebende Roboter, hergestellt aus embryonalen Stammzellen des afrikanischen Krallenfrosches *Xenopus laevis*. Ganz richtig: Es handelt sich um Roboter, die aus lebenden Froschzellen bestehen.

Erst im Jahr 2020 hat eine Forschungsgruppe auf den Gebieten der Computerwissenschaften, der Biologie und von biologisch inspirierten

Ingenieur*innen (man beachte die Zusammensetzung der Disziplinen) eine bahnbrechende Arbeit publiziert, in der zum ersten Mal vom Computer berechnete, lebende Maschinen gebaut wurden (Kriegmann, 2020): Maschinen aus 100 Prozent biologischem Material, sogenannte Xenobots. Das sind lebende programmierte Wesen.

Hier das erstaunliche Experiment: Man nehme einen Froschembryo, isoliere daraus pluripotente Stammzellen im Blastulastadium, einem frühen Embryonalstadium bei der Entwicklung vielzelliger Tiere. Diese Zellen werden vereinzelt und in großer Menge für kurze Zeit sich selbst überlassen. In dieser Zeit schließen sich die Zellen zu einem Aggregat zusammen und werden anschließend geformt. Der Computer simuliert die Form des Xenobots abhängig von der Aufgabe, die er durchführen soll. Ein evolutionärer Algorithmus ermittelt die Form, die der Xenobot benötigt, der anschließend im Labor zusammengebaut wird.

Vier verschiedene Aufgaben wurden vom Computer simuliert: dass sie sich bewegen, dass sie Dinge manipulieren, transportieren und sogar, dass sie ein kollektives Verhalten zeigen. Dann wurden die Zellaggregate in die vorgegebene

Form gebracht und – bingo! – die Xenobots führten die gewünschten Aufgaben durch.

Ein Jahr später veröffentlichte die gleiche Gruppe den Xenobot 3.0, der sich kinematisch, also aus der Bewegung heraus, selbst vermehrt. Seine Zellen replizieren sich dabei, indem sie einzelne Zellen in ihrer Umgebung zu funktionalen Selbstkopien aufnehmen, bewegen und komprimieren (Kriegmann, 2021). Das ist eine neue, noch nie vorher beobachtete Form der Vermehrung. Die Zellen suchen Bausteine und bauen diese zu funktionalen Kopien von sich selbst um. Eine eindeutig neue Form der Selbstorganisation.

Es werden sehr viele mögliche Anwendungen für Xenobots vorgeschlagen. Da Xenobots in der Zellkulturschale mikroskopische Partikel sammeln und anhäufen, könnten sie beispielsweise in der menschlichen Blutbahn aufräumen und arterielle Plaques entfernen. Damit könnte Arteriosklerose behandelt werden. Die Xenobots könnten Medikamente im Körper verteilen oder Krebszellen orten. Xenobots könnten radioaktiven Müll sammeln oder Mikroplastik aus der Natur abtransportieren.

Es ist anzunehmen, dass man solch programmierbare Roboter auch aus menschlichen

Zellen herstellen könnte, »Homobots« könnte man diese dann nennen. Die Zellen dieser »Homobots« werden nicht gefüttert, deswegen leben sie nur in etwa zehn Tage. Nach Ende ihrer Lebenszeit sind sie zu 100 Prozent biologisch abbaubar.

Mit Sicherheit wird es Routine werden, derartige kleine Wesen für die verschiedensten Aufgaben auf der Nano- bis Mikrometer-Ebene zu entwickeln und einzusetzen.

Artifizielles Leben aus nichtorganischen Materialien

Es könnten auch Systeme entwickelt werden, die nicht aus organischen Materialien bestehen, beispielsweise Roboter. Diese erfüllen jedoch viele Kriterien des Lebens nicht, sodass ich sie hier nicht ausführlicher diskutiere. Jedoch wären anorganische Systeme, die nicht auf sensiblen organischen Molekülen aufbauen, wesentlich beständiger und könnten auf Planeten, die unsere Lebensform nicht unterstützen, eher überdauern. Eines der wichtigsten Kriterien in meinen Augen ist die Selbstorganisation von Lebewesen. Sie organisieren und entwickeln sich von selbst, ohne Plan und ohne einen »Schöpfer«: Das trifft auf die synthetischen Maschinen jedoch nicht zu.

Lebewesen
organisieren und
entwickeln
sich selbst,
ohne Plan
und ohne einen
»Schöpfer«.

Falls wir länger überleben wollen, als der Planet Erde uns Bedingungen zu Verfügung stellt, die unsere Biochemie unterstützen, wird uns nichts anderes übrigbleiben, als unsere »Ichs« in andere Materialien zu verpacken und diese ins All zu senden mit der Hoffnung, ein Plätzchen zu finden, an dem wir einen Neustart machen könnten.

Ich nehme auch an, dass es in Zukunft etliche ganz neue Formen von Maschinen geben wird, von denen wir nicht so richtig wissen, ob wir sie als artifizielles Leben oder als intelligente Maschinen definieren sollen.

2

Die menschliche Utopie Unsterblichkeit

Warum der Mensch die Erde beherrscht, hat uns Yuval Harari in seinem erstmals 2011 erschienenen Buch »Eine kurze Geschichte der Menschheit« erklärt. Wir beherrschen den Planeten, weil wir in der Lage sind, global zu kooperieren. Damit uns das gelingt, müssen wir alle an die gleichen Dinge glauben. Zum Beispiel an ein Leben nach dem Tod, an den Wert des Geldes, an die Nützlichkeit von Gesetzen und vieles mehr. Wenn wir an gemeinsame Fiktionen und Geschichten glauben, dann funktioniert das kreative Schaffen!

Viele Menschen sind bereit, viel Geld zu zahlen und während ihres irdischen Lebens viele Opfer zu bringen, damit sie nach ihrem Tod in den Himmel kommen. Ohne zu wissen, was das sein könnte. Ich finde das erstaunlich. Sagen Sie einem Affen, er soll seine Bananen hergeben, damit er nach dem Tod in den Himmel kommt. Der Affe wird Sie auslachen! Er glaubt nicht an den Himmel. Er wird Ihnen die Bananen auch nicht geben, wenn Sie ihm dafür ein Stück Papier namens Geld geben wollen. Jedoch wird er eher willig sein, die Bananen gegen eine Kokosnuss einzutauschen.

Wir Menschen bemühen uns sehr darum, unsere Lebensqualität zu verbessern. Wir arbeiten hart daran, weil wir davon überzeugt sind, dass wir unser Leben und unsere Zukunft zum Besseren gestalten können. Das ist eine sehr wichtige Erkenntnis: Weil wir davon überzeugt sind, dass wir die Zukunft positiv gestalten können, strengen wir uns an. Und wir haben bereits bewiesen, dass wir das können.

Das Leben wird immer besser

Die Statistik zeigt eindeutig, dass es den meisten Menschen in vielerlei Hinsicht immer besser geht. Menschen waren immer damit beschäftigt, gegen Hunger, Krankheiten und Gewalt anzukämpfen. Und das meistens erfolglos. Die Sterbestatistiken geben uns ein Bild davon, wie grausam die Evolution mit uns umgegangen ist und wie ohnmächtig wir über Jahrtausende waren. Seit es die Wissenschaften gibt, ändert sich vieles zum Besseren. Aber viele Menschen nehmen das nicht wahr.

Die Wachstumskurve der Menschheit zeigt etwas sehr Relevantes (Schroeder & Nendzig, 2014): Zur Zeit Hippokrates', um das Jahr 400 vor unserer Zeitrechnung, gab es laut UNO circa 300 Millionen Menschen auf der Erde. Um das Jahr null waren es immer noch 300 Millionen. Um das Jahr 1000 waren es in etwa 310 Millionen. Erst im 16./17. Jahrhundert gelang es der Menschheit,

Weil wir
davon überzeugt sind,
dass wir die Zukunft
positiv
gestalten können,
strengen wir uns an.
Und wir haben bereits
bewiesen,
dass wir das können.

zu wachsen. Anfang des 18. Jahrhunderts war die erste Milliarde erreicht, 1920 gab es zwei Milliarden Menschen auf der Welt, 1960 drei Milliarden und jetzt im Jahre 2022 stehen wir kurz davor, acht Milliarden Menschen zu sein.

Diese sehr aussagekräftige Wachstumskurve wirft viele Fragen auf. Erstens: Warum konnte die Menschheit 2.000 Jahre lang nicht wachsen, obwohl Frauen im Schnitt über sechs Kinder zur Welt brachten? Was hinderte sie daran? Wahrscheinlich Hunger und Seuchen. Zweite Frage: Was änderte sich im 16./17. Jahrhundert, sodass die Menschheit plötzlich zu wachsen begann? Es war der Anfang des wissenschaftlichen und industriellen Zeitalters. Der Mensch lernte, Energie umzuwandeln, um alles Mögliche herzustellen, das ihm das Überleben erleichterte. Auf einmal konnte er viel Nahrung produzieren und lernte auch, wie er sie haltbar machen kann. Das alles spiegelt sich in der Lebenserwartung wider: Sie liegt in der industrialisierten Welt bei 80 Jahren. Zum Vergleich: Um 1900 betrug sie noch weniger als 40 Jahre (36 für Männer und 38 für Frauen).

Wenn wir heute auf die Welt kommen, ist die Wahrscheinlichkeit sehr hoch, dass wir über 100 Jahre alt werden, und zwar in einem guten

Gesundheitszustand. Stellen Sie sich vor, was im Jahr 2120 alles möglich sein wird.

Kommunikationswunder Mensch

Warum braucht der Mensch solch utopische Fantasien, an die er glaubt und die ihn antreiben? Ganz einfach: Wie in der biologischen Evolution bewähren sich solche Gedanken und Verhaltensweisen und setzen sich daher durch. Unsere globale Kooperation hat dazu geführt, dass wir auf den Mond geflogen sind, dass wir das Internet auf der ganzen Welt haben könnten, dass Satelliten vieles auf der Erde steuern, dass wir erstaunlich genaue Wettervorhersagen haben, Pandemien bekämpfen und Herztransplantationen durchführen können – und vieles mehr. Die Liste ist sehr lang. Das ist alles möglich, weil wir sehr effizient kommunizieren und Tausende Menschen gemeinsam an einem Projekt arbeiten können. Leider sind deswegen auch Kriege besonders schrecklich. Die geistige Entwicklung geht bedauerlicherweise nicht Hand in Hand mit dem technologischen Fortschritt.

Es gibt eine plausible Erklärung für unser kreatives Verhalten: Im Prinzip ist der Mensch unzufrieden. Wie eingangs beschrieben, hat er erkannt, dass er ein Mangelwesen ist. Und was ihn am meisten stört, ist die Tatsache, dass er altert und stirbt. Daher ist wohl das kreativste und wichtigste Projekt der Menschheit die Umprogrammierung des Menschen zur ewigen Jugend und zum unsterblichen Lebewesen.

Was werden die Unsterblichen dann tun, ihr ganzes langes Leben lang? Maschinen werden die Arbeit erledigen und die artifizielle Intelligenz wird Lösungen für Probleme ausarbeiten. Der *Homo immortalis* wird sich nicht wirklich stressen lassen und er wird sich intensiv mit sich selbst beschäftigen müssen, um seine Ichs zu definieren, die dann vielleicht sehr glücklich werden können. Nutzlos, aber glücklich.

Der Tod ist einfach schwer zu ertragen, denn der Mensch ist sehr eitel. Die religiösen Vorstellungen des Menschen als unsterbliches Ebenbild Gottes sind ein starker Hinweis auf die Vorstellungen, die der *Homo sapiens* davon hat, wohin die Reise gehen sollte. So trösten sich viele Menschen mit der Idee, es gäbe »etwas« nach dem Tod. Sie nennen diesen Zustand Himmel oder Leben nach dem Tod oder vertreten die Idee von mehreren irdischen Leben in verschiedenen Formen. Es gibt aber keine Hinweise darauf, dass es »etwas«

Lebensäquivalentes nach dem Tod gibt. Aus ist aus.

Erstaunliches Gehirn

Umso erstaunlicher war für mich ein Gespräch im Rahmen einer Podiumsdiskussion zum Thema Aufklärung. Bei der anschließenden Diskussion meldete sich eine Gynäkologin zu Wort, die meinte, sie erlebe fast täglich den Tod anderer Menschen, sei selbst jedoch davon überzeugt, dass sie unsterblich sei. Ein Mathematikprofessor pflichtete ihr bei: Er sei ebenfalls überzeugt, unsterblich zu sein. Sie können sich jetzt wahrscheinlich meine Verwunderung vorstellen. Glauben diese beiden hochgebildeten Menschen tatsächlich an ihre eigene Unsterblichkeit?

Das menschliche Gehirn ist seit etwa 70.000 bis 100.000 Jahren dazu in der Lage, abstrakt zu denken. Das bedeutet, dass Menschen Dinge denken und reflektieren können, die es in Wirklichkeit nicht gibt. Das hat aber auch zur Folge, dass Menschen lügen, um andere zu manipulieren. Heutzutage werden offensichtliche Lügen als »Fake News« oder als »alternative Fakten« bezeichnet. Das ist ein ernsthaftes Problem. Seit Jahrtausenden zahlen Menschen hohe Summen

Geld und bringen Opfergaben für das Versprechen, nach dem Tod in den Himmel zu kommen. Wenn sie nicht zahlen, kommen sie in die Hölle. Dass diese Strategie so erfolgreich ist, zeugt von dem Willen vieler Menschen, unsterblich zu sein, und von der Hoffnung, dass es nach dem Tod nicht einfach aus sei. Kulturelle Vorstellungen scheinen sich evolutionär zu entwickeln und haben einen sehr starken Einfluss auf unser Verhalten.

Meme, die uns beherrschen

Richard Dawkins, der Paradeatheist unter den Wissenschaftler*innen, nennt dieses Phänomen »Mem«. Ein Mem ist eine Idee, ein Verhalten oder ein Stil, der sich durch Nachahmung von Person zu Person innerhalb einer Kultur verbreitet und oft eine symbolische Bedeutung trägt, die ein bestimmtes Phänomen oder Thema darstellt. Ein Mem fungiert als Einheit zur Weitergabe kultureller Ideen, Symbole oder Praktiken, die durch Schreiben, Sprache, Gesten, Rituale oder andere imitierbare Phänomene mit einem nachgeahmten Thema von einem Gehirn zum anderen übertragen werden können. Befürworter*innen des Konzepts betrachten Meme als kulturelle Analoga zu Genen, da sie sich selbst replizieren, mutieren und auf selektiven Druck reagieren (Dawkins, 2006).

Diese Meme werden auch als virales Phänomen gesehen, das eine Evolution durchmacht, analog zur biologisch-genetischen Evolution. Genau wie Gene verändern sich Meme durch Variation, Mutation, Wettbewerb und Vererbbarkeit, die alle den Erfolg und die Überlebenschancen des Mems bestimmen. Meme können aussterben, wenn sie nicht mehr propagiert werden; andere Meme können lange überleben, auch wenn niemand mehr den Ursprung des Verhaltens kennt. Meme können sich erfolgreich vermehren, auch wenn sie für die Proponent*innen nachteilig sind.

Meme müssen sich vermehren, und das tun sie mittels dreier Eigenschaften, die sie am Leben halten: Kopiergenauigkeit, Geschwindigkeit der Vermehrung und Langlebigkeit. Das Internet hat diese drei Prozesse enorm beschleunigt, heutzutage sind Internetmeme dominierend. Influencer*innen mit ihren Followern sind mächtig und machen Meme viral.

Die Suche nach dem Sinn

Der Mensch sucht aber nicht nur nach einem Weg zur Unsterblichkeit, er sucht auch nach dem Sinn

Der Mensch ist ein
Produkt der Evolution,
bei dem
seine Fähigkeit
abstrakt zu denken,
dazu führt,
dass er bewusst
seine eigene Evolution
in die Hand nimmt.

des Lebens. Doch genau genommen ist der Sinn des Lebens ebenfalls ein Mem. Man kann und sollte dem Leben einen Sinn geben, wenn man das Bedürfnis danach hat. Dem Leben einen Sinn zu geben ist sogar die absolute persönliche Freiheit.

Das Leben selbst jedoch entwickelt sich ohne Sinn, weil es sich entwickeln muss, weil wir der ständigen Energiezufuhr durch die Sonne ausgesetzt sind, und die Moleküle keine Wahl haben. Sie gehen entweder in der Hitze unter oder sie verwandeln die Energie und entwickeln komplexe Strukturen, die diese Energie verbrauchen. So einfach ist es, wenn man das Leben und das Universum mit dem naturwissenschaftlichen Auge betrachtet und versteht. Sobald man den »Geist« mit ins Spiel nimmt, wird es schwierig und unverständlich.

Auch die Evolution hat kein Ziel. Sie läuft so ab, wie sie ablaufen muss, unter den Bedingungen, die gerade herrschen. Der Mensch ist ein Produkt der Evolution, bei dem seine Fähigkeit, abstrakt zu denken, dazu führt, dass er bewusst seine eigene Evolution in die Hand nimmt.

Dazu gehört auch, sein eigenes Aussterben zu verhindern. Wenn wir Menschen nicht aussterben wollen, müssen wir irgendwann den Planeten

Erde verlassen. Vor 3,5 Milliarden Jahren war die Erde so weit abgekühlt, dass die Bedingungen optimal wurden, um jene chemischen Reaktionen zu unterstützen, die notwendig waren, damit das Leben sich entwickeln konnte. In circa 500 Millionen Jahren wird es für das Leben auf der Erde wieder zu heiß werden. Das heißt, dass von den 4 Milliarden Jahren, in denen lebensfreundliche Bedingungen auf der Erde geherrscht haben werden, 3,5 – oder 7/8 des Zeitraums – bereits abgelaufen sind. Das mag schrecklich klingen. Bedenkt man aber, dass es den *Homo sapiens* erst seit circa 100.000 Jahren gibt, bleibt uns noch eine lange Zeitspanne. Fakt ist jedenfalls: Wollen wir länger als weitere 500 Millionen Jahre leben, müssen wir auswandern.

Warum gibt es so viel Forschung zu diesem Thema? Was ist deren Ziel? Wissen! Aber was kann man mit Wissen tun? Wissen ist Macht und ermöglicht uns, die Zukunft nach unseren Vorstellungen zu gestalten. Etwas Besseres gibt es wohl nicht. Aber es ist anstrengend und verpflichtet zu verantwortungsvollem Handeln.

Das mächtigste, langlebigste und erfolgreichste Mem aller Zeiten ist wohl das »Leben nach dem Tod«. Darin gleichen sich alle Religionen.

Und auch die Wissenschaften bemühen sich, das Altern hinauszuzögern, und erforschen, wie andere Lebewesen es schaffen, nicht zu altern (→ **7**): Anti-Aging ist ein sehr erfolgreiches Mem.

3

Die Meilensteine auf dem Weg zur molekularen und synthetischen Biologie

Die Entdeckungen und technischen Erfindungen, die uns den Weg zu Utopien ebnen könnten, sind in den letzten zwei Jahrhunderten enorm schnell generiert worden. Unser Verständnis der Welt ist heute viel detaillierter als vor dem Zeitalter der Aufklärung und der Wissenschaften. Wichtig ist zu bedenken, dass die meisten Entdeckungen nicht zielgerichtet waren, sondern zufällig entstanden. Die Wissenschaft ist ja eine Reise ins Unbekannte, genauso wie die Evolution. Beide Prozesse sind nicht voraussagbar. Die Zukunft steht eben nicht fest. Fest steht dagegen: Es gab einige Meilensteine, die notwendig waren, damit wir überhaupt konkrete Ideen realisieren können.

Gregor Mendel schenkt uns die Vererbungslehre (1866)

Mit enormem experimentellen Aufwand und exakter mathematischer Kenntnis analysierte er, wie sich Eigenschaften von Pflanzen vererben. Durch die Durchführung Tausender Kreuzungen von Erbsen mit verschiedenen Prägungen definierte er etwas, das er selbst noch als »Faktor« bezeichnete: etwas, das nicht teilbar ist, von Eltern auf die Nachkommen weitergegeben wird und in verschiedenen Formen existiert. Dieser »Faktor«

wurde später als »Gen« bezeichnet. Mendel begründete damit das Konzept der Genetik.

Thomas H. Morgan fertigt die ersten Genkarten an (1911)

Sein Forschungsmodell war die Fruchtfliege. Morgan erstellte als Erster Genkarten und zeigte, wie Chromosomen aussehen. Dadurch wusste man, dass der Mendel'sche Faktor auf den Chromosomen sitzt. Bei diesen Kartierungen war aber immer noch nicht klar, auf welchem Molekül der Mendel'sche Faktor sitzt, denn Chromosomen bestehen aus DNA und Proteinen. Es musste daher noch eruiert werden, was dieser Mendel'sche Faktor ist.

Der Meilenstein der genetischen Transformation (1928)

Es gab diesen Versuch, der die Genetik veränderte. Wie aufregend muss es gewesen sein, als der englische Arzt Frederick Griffith mithilfe eines Experiments an Pneumokokken bemerkte, dass man die Eigenschaften eines Bakteriums in ein anderes »verpflanzen« kann! Er isolierte einen Stoff, von dem er nicht so richtig wusste, was es war. Anschließend wurde eine andere Bakterienzelle mit diesem Stoff behandelt, worauf die Eigenschaften der ersten Bakterienzelle auf die neue übergingen – und zwar auf eine vererbbare Weise! Das war ein Schlüsselexperiment, das die Machbarkeit der Gentechnik begründete. Später, 1944, wurde von Oswald Avery gezeigt, dass dieser Stoff die DNA war. Man kann also die DNA einer Zelle isolieren und in eine andere verpflanzen, wodurch die Eigenschaften auf das neue Bakterium übergehen. Diese Technik nennt man »genetische Transformation«. Damit war auch klar: Die DNA enthält den Mendel'schen Faktor.

Die genetische Transformation von Bakterien war ein Meilenstein: So kann man zum Beispiel das Gen für humanes Insulin in *Escherichia coli*, ein bestimmtes Darmbakterium, verpflanzen, das dann menschliches Insulin produzieren kann. Das ist möglich, weil der genetische Code universell ist. Das auf diese Weise hergestellte Protein nennt man rekombinantes Protein. Die Technologie war ein Durchbruch in der medizinischen Therapie, weil sie es ermöglicht, menschliche Proteine in Bakterien in großen Mengen herzustellen, anstatt sie aus dem Serum von Blutspender*innen isolieren zu müssen.

Die Doppelhelix-Struktur (1953)

In ihrer Struktur steckt der geniale Mechanismus der DNA-Replikation. Die DNA ist die Trägerin der genetischen Information aller Lebewesen. Sie besteht aus zwei komplementären Ketten, deren Rückgrat aus Phosphorsäure und dem Zucker Desoxyribose besteht, die abwechselnd angeordnet sind. An jedem Zucker hängt eine von vier möglichen »Basen«, die Adenin, Cytosin, Guanin und Thymin heißen. Die Komplementarität beruht auf der Tatsache, dass sich Adenin mit Thymin und Cytosin mit Guanin über Wasserstoffbrückenbindungen paaren können. Die Reihenfolge der Basen auf der Kette nennt man »Sequenz«. Damit beschreibt man die Art und Weise, wie die genetische Information codiert ist.

Die Werkzeuge der Gentechnik

In den Siebziger- und Achtzigerjahren wurden viele Enzyme (Biokatalysatoren, die chemische Reaktionen vorantreiben) entdeckt und weiterentwickelt: Enzyme, die sequenzspezifisch DNA erkennen und schneiden, und solche, die sie wieder zusammenkleben (Ligasen). DNA-Polymerasen sind Enzyme, die DNA synthetisieren. Damit wurde es möglich, die DNA zu »manipulieren«: DNA-Synthese am Synthesizer! Mit diesen Werkzeugen lässt sich also jede gewünschte DNA-Sequenz in einer Maschine herstellen.

PCR, die DNA-Kettenreaktion (1988)

Seit der COVID-19-Pandemie kennen alle das Kürzel »PCR«, weil es für eine Testmethode steht. Wenige wissen aber, was sich wirklich dahinter verbirgt. Bei der »polymerase chain reaction« wird die DNA in Zyklen vermehrt. Zuerst wird sie erhitzt, damit sich die Doppelhelix öffnet, dann werden kurze DNA-Stücke an die DNA gebunden, um festzulegen, welcher Teil der DNA sich vermehren soll. Danach kommt ein spezielles hitzestabiles Enzym dazu, eine hitzebeständige DNA-Polymerase, die zu jedem Strang einen komplementären Strang synthetisiert. Dabei verdoppelt sich die DNA-Menge. Diese Zyklen werden so oft wiederholt, bis die DNA leicht sichtbar wird. Bis zu 20- oder sogar 35-mal. Das ist der »ct«-Wert!

Die neue Disziplin Bioinformatik

Die Molekularbiologie erzeugt so enorm viele Daten, dass wir ohne Computer keine Chance hätten, diese zu verarbeiten. Mit der Bioinformatik entstand eine neue Disziplin in der Forschung und auch für die Medizin, welche die Daten digitalisiert und digital verarbeiten kann.

Das genomische Zeitalter

Die Entschlüsselung des menschlichen Genoms im Jahr 2003 und jenes vieler Tiere, Pflanzen, Bakterien und Pilze gibt uns ein sehr klares Bild der Evolution. Die Genomsequenzen der Menschen können miteinander verglichen werden, die Ähnlichkeiten von Genen zwischen Spezies kann bestimmt werden, die Regionen auf der DNA, die konserviert sind (also wahrscheinlich wichtig), können gefunden werden und vieles mehr. Nun ist es auch möglich, evolutionäre Stammbäume aufzustellen, die den unwiderruflichen Beweis für die Evolution bringen.

Genomische Editierung, genannt Genschere

2020 erhielten Emmanuelle Charpentier und Jennifer Doudna den Nobelpreis für die Entdeckung eines Proteins mit dem Namen Cas9 aus dem Bakterium *Streptococcus pyogenes*. Dieses Protein kann DNA schneiden, wenn es mit einer Ribonukleinsäure (RNA) gebunden ist, die ihm zeigt, welche DNA es schneiden soll. Dieser RNA/Protein-Komplex ist sehr flexibel. Man kann so gut wie jede RNA-Sequenz programmieren und damit fast jede gewünschte DNA schneiden. Genial an der Methode ist, dass man dem System eine neue DNA-Sequenz mitschicken kann, die dann die ursprüngliche Sequenz ersetzt. Somit haben wir ein Werkzeug, mit dem es möglich ist, fast jede gewünschte Mutation in ein Gen einzuführen.

4

SELEX: Die In-vitro-Evolution von RNA-Therapeutika

In den 1990er-Jahren wurde eine geniale Methode entwickelt: Aus einer unüberschaubar großen Bibliothek von 10 mal 100 Millionen RNA-Molekülen unterschiedlicher Sequenz werden mit einem In-vitro-Verfahren die am besten passenden Bindungspartner für das jeweilige Zielmolekül »herausgesucht«. Diese Selektionsmethode trägt den sexy Namen SELEX, was »Systematische Evolution von Liganden durch exponentielle Anreicherung« bedeutet (Ellington, 1990 und Tuerk, 1990).

Ausgangspunkt ist die RNA: Seit der mRNA-Impfung gegen COVID-19, die natürlich auch ein Produkt der synthetischen Biologie ist, ist der Begriff RNA auch der breiteren Öffentlichkeit bekannt. RNA kann aber viel mehr, als nur für Antigene zu codieren, also Informationen mithilfe eines Codes zu verschlüsseln. Sie ist ein vielseitiges Molekül mit sehr spezifischen Eigenschaften. Es gibt eine eigene Technologie, die – sollte sie erfolgreich sein – neuartige RNA-Moleküle entwickeln kann, welche spezifisch gegen viele verschiedene Proteine als Medikamente eingesetzt werden könnten.

Seit
der mRNA-Impfung
gegen COVID-19
ist der Begriff RNA
auch der breiteren
Öffentlichkeit
bekannt.

RNA-Aptamere

Ein Aptamer ist ein relativ kurzes RNA-Molekül, das mit hoher Affinität und Spezifität Proteine und andere Stoffe binden kann. Die Bindungseigenschaften sind vergleichbar mit denen von Antikörpern. Die Herstellung ist aber viel einfacher, weil keine Lebewesen oder Zellkulturen für ihre Entwicklung und Herstellung notwendig sind. RNA-Aptamere können einfach in einem Synthesizer produziert werden.

Ein DNA-Synthesizer ist eine Maschine, die DNA herstellen kann. Wenn man während der Synthese bei jedem Schritt statt nur eines Bausteins alle vier Bausteine dazugibt, entstehen vollkommen randomisierte Sequenzen, also Zufallssequenzen. Man stellt eine enorm hohe Anzahl von RNAs mit rein zufälligen Sequenzen her und selektiert dann in zyklischen Selektions- und Replikationsschritten jene RNAs, die Proteine oder andere gewünschte Moleküle mit hoher Präzision binden können. Es werden also im Reagenzglas die gleichen Evolutionsschritte nachgeahmt, die auch in der Natur zur Entstehung hochaktiver Substanzen führen.

Mit diesen SELEX-Experimenten wollte man ursprünglich herausfinden, was RNA alles kann – und ob es wirklich chemisch möglich ist, dass RNA jenes Molekül ist, das den Ursprung des Lebens möglich gemacht hat. RNA enthält Information (die Reihenfolge der vier Basen auf einer Kette) und Funktion (RNA-Moleküle falten sich eigenständig, um spezifische Aufgaben durchzuführen) in ein und demselben Molekül.

Die Evolutionsschritte, die notwendig sind, damit neue wirksame Stoffe entstehen, sind folgende:

1 Synthese von Zufallssequenzen

Zuerst werden Zufallssequenzen von RNA-Molekülen hergestellt. Für SELEX werden randomisierte Bibliotheken hergestellt, die eine enorme Anzahl unterschiedlicher RNA-Moleküle enthalten. Es handelt sich um eine wirklich hohe Anzahl: 10^{13} bis 10^{15} verschiedene RNAs. Das sind 10.000.000.000.000 bis 1.000.000.000.000.000 verschiedene RNAs.

2 Selektion

Aus dieser enormen Vielfalt werden jene RNAs ausgesucht und angereichert, welche die gewünschten Eigenschaften haben. Am Anfang sind das wenige und noch nicht sehr passende Sequenzen. Die Eigenschaften der RNA-Moleküle, die sich anreichern, werden aber nach und nach verbessert. Das geschieht durch Mutationen, welche die Diversität erhöhen.

3 Reproduktion

Das SELEX-Verfahren ist zyklisch. Das bedeutet: Man wiederholt viele Runden, bei denen die wenigen ausgesuchten Moleküle vermehrt werden. Bei jedem Zyklus reichern sich die besten Moleküle an – die besten setzen sich durch, die weniger guten gehen verloren.

4 Mutation

Damit neue und bessere RNA-Moleküle entstehen, werden Variationen während der Synthese zugelassen. Das heißt, man wählt Bedingungen, die eine hohe Fehlerrate haben. Die Diversität kann während der SELEX-Prozedur noch stärker erhöht werden, indem man (während des Vermehrungsschrittes mittels PCR) weitere Mutationen mit einem fehlerhaften Enzym einführt.

Sehr bald entstand die Idee, RNA-SELEX für die Herstellung von Diagnostika und Therapeutika zu verwenden. Diese Idee führte zur Entwicklung jener Technologie, die es ermöglichte, RNA-Impfungen so schnell herzustellen, als COVID-19 auftauchte. Die mRNA-Impfung ist jedoch kein SELEX-Produkt, sondern enthält den genetischen Code, um ein Antigen zu produzieren.

Synthetische Therapeutika mit hochspezifischer Wirkung

Wie bereits erwähnt, sind RNA-Aptemere hochspezifisch und treten mit ihren Zielmolekülen ähnlich gut wie Antikörper des Immunsystems in Wechselwirkung. Das erste für die Therapie am Menschen zugelassenen RNA-Aptamer ist das Natrium-Pegaptanib, auch Macugen genannt. Es wirkt dem Wachstumsfaktor VEGF-A (Vascular endothelial growth factor) entgegen. Dabei handelt es sich um ein Protein, das eine wichtige Rolle bei der Neubildung von Blutgefäßen (Angiogenese) und für die Durchlässigkeit von Blutgefäßen spielt. Diese Prozesse sind für die altersbedingte Makuladegeneration (AMD) verantwortlich. Pegaptanib wird alle sechs Wochen intravitreal ins Auge gespritzt und vermindert den Sehverlust signifikant.

Meines Wissens ist Pegaptanib derzeit das einzige RNA-Aptamer, das von der US-amerikanischen Arzneimittelbehörde FDA für die Therapie am Menschen zugelassen ist. Etliche weitere RNA-Aptamere befinden sich in der klinischen Studie, Phase II. Diese in der Erprobung befindlichen Aptamere sind gegen sehr unterschiedliche Krankheiten gerichtet. So wirkt zum Beispiel BX499 von der Firma Baxter gegen Hämophilie, NOX-E36 von der Firma Noxxon gegen Typ-2-Diabetes oder AS1411 von Antisoma gegen Akute Myeloische Leukämie (AML) – um nur einige zu nennen (Kaur et al., 2018).

5

Warum altern wir? Sechs Probleme

Eine erstaunliche Beobachtung: Im Laufe der Evolution, bei der Tiere immer komplexer werden, findet eine ständige Verminderung von toti-/pluripotenten Stammzellen statt. Weil diese Stammzellen die Fähigkeit aufrechterhalten, jeden Zelltyp regenerieren zu können, bedeutet der Verlust dieser Stammzellen aber, dass voll ausgereifte adulte Zellen erst altern, dann sterben, aber nicht ersetzt werden können. In der Folge sterben auch der ganze Organismus und das Tier. Komplexe Organismen können sehr viel, sie verlieren aber die Möglichkeit, unsterblich zu sein. Altern und sterben wir also, weil wir zu wenig Stammzellen haben, die alte Zellen ersetzen könnten? Das Altern von Zellen ist Ursache von einer Kombination von Phänomenen. Die sechs wichtigsten Ursachen des Alterns möchte ich hier kurz beschreiben.

1 Das Problem der DNA-Schäden und das epigenetische Problem

Im Laufe des Lebens kommt es unweigerlich zu verschiedensten umweltbedingten DNA-Schäden. Um diese Schäden zu reparieren, gibt es ein aufwendiges und vielseitiges DNA-Reparatursystem. Im Alter funktioniert diese Reparatur nicht mehr so gut. Zusätzlich kommt es zu epigenetischen Störungen. Das Protein SIRT6, das epigenetische Modifizierungen entfernt, um das Chromatin kompakt zu halten, das die DNA umwickelt, funktioniert nicht mehr richtig (Tasselli et al., 2017).

2 Das Problem der Proteinqualitätskontrolle

Proteine, unsere Eiweißmoleküle, sind lebenswichtige Katalysatoren und haben sehr viele essenzielle Aufgaben. Um diese Aufgaben erfüllen zu können, müssen sie sich falten und die richtige Struktur einnehmen. Alle Organismen haben streng regulierte Systeme entwickelt, welche die richtige Faltung der Proteine gewährleisten. Auch werden beschädigte und schlecht gefaltete Proteine aus den Zellen entfernt. Können sich Proteine nicht mehr richtig falten, machen sie Aggregate – regelrechte Eiweißklumpen –, die sich im Alter im Gehirn ansammeln und zu schweren Erkrankungen wie zum Beispiel Alzheimer oder Parkinson führen.

3 Das Organellen-Problem

In den Zellen gibt es Kompartimente, die genau definierte Aufgaben erfüllen: Mitochondrien, den

Zellkern und die Kernhülle. Mutationen in den Genen, die für die Kernhülle codieren, führen zu vorzeitiger Alterung. Die mitochondriale DNA ist besonders empfindlich für DNA-Schäden, weil in den Mitochondrien die DNA-Reparatur nicht so exakt funktioniert. Die Mitochondrien sind die Lieferanten unserer Energiewährung, dem ATP. Defekte Mitochondrien sind ein großes Problem, denn Energiemangel in den Zellen führt dazu, dass lebenswichtige Prozesse nicht mehr gut genug funktionieren.

4 Das Problem der Signalwege

Die Zellen besitzen sehr genaue Signalwege, um Informationen von außerhalb der Zellen nach innen zum Zellkern transportieren zu können, damit benötigte Gene eingeschaltet und nicht benötigte heruntergefahren werden können. Einige dieser Signalwege wurden mit dem Alterungsprozess in Verbindung gebracht: Sehr prominent ist der Insulin/IGF-1-Signalweg, weil er den Energiestoffwechsel, die Nahrungsaufnahme und die Reaktion auf Stress reguliert. Wenn diese Signalwege nicht mehr ordentlich funktionieren, können Zellen ihren Stoffwechsel nicht mehr kontrollieren.

5 Das Problem des oxidativen Stresses

Sauerstoff ist für uns ein lebenswichtiges Molekül, es kann aber auch sehr schädliche Formen annehmen, sogenannte ROS (reaktive Sauerstoffspezies), die schädliche Radikale bilden. Diese Moleküle greifen viele andere Stoffe an und zerstören sie durch Oxidation. Die Zellen haben etliche Systeme entwickelt, um diese gefährlichen Radikale zu entfernen. Diese Systeme schwächeln leider in alternden Zellen, wenn diese Enzyme nicht mehr richtig gefaltet sind.

6 Das Problem Stillstand

Das schwerwiegendste Problem ist, dass alternde und alte Zellen aufhören, sich zu vermehren, aber nicht sterben. Das ist schlecht für den Organismus, weil es das Altern des Organismus beschleunigt und Entzündungen hervorruft. Im Prinzip sollten diese alten Zellen sterben, sie tun das aber oft nicht. Dabei wäre das vorgesehen, denn unser Genom codiert für Gene, welche Zellen in den Selbsttod schicken können. Der Prozess des programmierten Zelltodes, um den es im nächsten Kapitel gehen wird, heißt Apoptose.

Alte Zellen sterben zu lassen, damit neue junge Zellen die Aufgaben übernehmen, ist der Schlüssel zur ewigen Jugend. Wird also der Tod alter Zellen die Voraussetzung dafür sein, dass Organismen unsterblich werden? Die Anleitung zur Programmierung der Unsterblichkeit eines Organismus ist demnach klar: Diese sechs Probleme, von den DNA-Schäden bis zum Stillstand, müssen gelöst werden.

6

Der programmierte Zelltod

Zellen haben Gene, um sich kontrolliert in den Tod zu schicken. Ein programmierter Zelltod. Geplanter Selbstmord. Diesen Prozess nennt man Apoptose. Die alten Griechen haben bereits zwei Arten des Todes unterschieden: Die Nekrose ist der Tod durch Krankheit oder Unfall, die Apoptose ist der kontrollierte Zelltod.

Es gibt ein System, das bereits in Bakterien zu beobachten ist: Ist die Zellkolonie in Lebensgefahr, gehen die meisten Zellen in die Apoptose, aber einige wenige Zellen überleben. Somit ist das Überleben der Kolonie gesichert. Ist das altruistisch?

Altruismus wird als selbstlose Denk- und Handlungsweise und Uneigennützigkeit definiert. Es ist ein Gegenbegriff zum Egoismus. Ob Altruismus überhaupt existiert, wird von vielen Philosoph*innen infrage gestellt. Altruismus müsste eine freiwillige Entscheidung voraussetzen, denn wenn die Selbstlosigkeit erzwungen ist, verliert sie den altruistischen Charakter. Ob Bakterien und einzelne Zellen »freiwillige Entscheidungen« treffen können, sei dahingestellt. Auf jeden Fall haben viele Bakterien ein System, um sich in den Selbsttod zu begeben. Auf lange Sicht hat dieses System den Vorteil, dass die Kolonie überlebt – und stellt das Überleben der Kolonie damit über das Überleben des einzelnen Bakteriums. Wichtig zu bedenken ist, dass in einer Kolonie alle Zellen (fast) identisch sind, also als Klone zu betrachten sind. Aus Sicht der Evolution ergibt so ein Verhalten also viel Sinn! Es setzt sich in der Evolution durch – mit oder ohne Absicht.

Der bakterielle Selbsttod funktioniert genial einfach. Das System besteht aus zwei Genen, wovon eines für ein Toxin (Gift) codiert und das zweite Gen für ein Gegengift (Antitoxin). Beide Gene werden ständig gleichmäßig exprimiert, was bedeutet, dass Gift und Gegengift immer im Gleichgewicht sind. Nur: Das Gegengift ist etwas instabiler als das Gift. Solange beide Gene eingeschaltet sind, ist alles in Ordnung. Sobald aber die Herstellung von beiden Proteinen stoppt, wird das Gegengift schneller abgebaut als das Gift. Das Gift kann dann seine Aktivität entfalten und die Zelle stirbt (Jurenas, 2022).

Wichtig zu wissen ist, dass bakterielle Toxine zu den giftigsten Molekülen zählen, die es gibt. Toxine sind meistens Proteine (Eiweißmoleküle), die als Katalysatoren wirken. Das bedeutet, dass sie chemische Reaktionen beschleunigen, ohne dabei selbst beschädigt zu werden. Sie haben also einen hohen Umsatz und können Tausende andere Moleküle zerstören.

Auch tierische und menschliche Zellen haben Gene für einen programmierten Zelltod. Diese sind wichtig für viele normale Prozesse im Körper. Die Apoptose ist ein essenzieller Teil unseres Stoffwechsels und unseres Immunsystems. Es handelt sich um einen sehr genau regulierten physiologischen Vorgang, der für die Entwicklung und das Altern vielzelliger Organismen wichtig ist und bei dem die einzelnen Zellen planmäßig eliminiert werden. Bei der embryonalen Entwicklung sind apoptotische Vorgänge immer nötig: Zum Beispiel werden bei der Anlage von Fingern ganze Zellpopulationen, nämlich die Haut zwischen den Fingern, durch Apoptose eliminiert. Die Apoptose ist auch verantwortlich für die Rückbildung der Gebärmutter nach der Entbindung oder für die Abstoßung des Endometriums während der Menstruation.

Die Apoptose kann aber, wenn sie falsch reguliert wird, an der Entstehung etlicher Krankheiten beteiligt sein. Bei der Osteoporose, bei der Zerstörung der T-Zellen des Immunsystems, bei neurodegenerativen Krankheiten wie Parkinson oder bei Rheuma spielen apoptotische Zellzerstörungen eine große unerwünschte Rolle. Aber auch das Unterdrücken der Apoptose kann zu Krankheiten, etwa zu Krebs, führen.

Die Apoptose ist also ein allgegenwärtiger Vorgang, der sehr genau reguliert werden muss. Sie ist lebensnotwendig, kann aber auch zu Krankheiten führen und tödlich sein.

Wenn Zellen von Viren befallen werden, schalten sie meisten die Apoptose ein, sodass sie sich selbst umbringen, damit das Virus sich nicht vermehren und die Nachbarzellen infizieren kann. Nun gibt es aber Viren wie das Baculovirus, das den Organismus infiziert, in die Wirtszelle eindringt und die Apoptose ausschaltet. Auch so kann die Evolution eines Virus effizient funktionieren!

Alternde Zellen in den Tod schicken

Die Apoptose spielt auch eine sehr wichtige Rolle beim Alterungsprozess (Baar et al., 2017). Alternde (seneszente) Zellen hören auf, sich zu teilen, akkumulieren fehlerhafte Moleküle und – was schlecht ist – führen oft zu Entzündungen des benachbarten Gewebes. Dazu kommt, dass in alternden Zellen die Apoptose oft nicht so funktioniert, wie sie sollte. Nun könnte man alternde Zellen in den kontrollierten Tod schicken, indem man bei

Wie können wir also
unsere Körper
ewig jung halten,
wenn wir wissen,
dass unsere Zellen
unweigerlich
altern?

ihnen spezifisch diese Apoptose einschaltet. Ist das möglich? Diese Frage ist ein sehr aktives Forschungsgebiet der Altersforschung.

Wollen wir unsterblich werden, müssen wir den Alterungsprozess aufhalten. Da Zellen jedoch altern, kann man sich behelfen, indem man alte Zellen spezifisch eliminiert. Das funktioniert! (Baar et al., 2017)

Die Wissenschaft ist daran interessiert zu erfahren, ob Unsterblichkeit eine organische Möglichkeit darstellt oder ob dieses Mem für immer eine Utopie bleiben muss. Nichts hält ewig, das ist klar. Alles geht irgendwann kaputt. Auch das ist klar. Weil die Evolution nicht stillsteht, wir ständig bestrahlt werden, molekularer Sauerstoff uns andauernd oxidieren möchte und Fehler eine immanente Eigenschaft der Evolution darstellen, müssen wir Unsterblichkeit eher über ständige Erneuerung als über Erhaltung suchen.

Im Wort Stoffwechsel steckt der Begriff »Wechsel«: Wir bauen ab und auf, wir leisten Arbeit, indem wir die Kalorien, die wir als Nahrung zu uns nehmen, umsetzen. Umsatz hält uns am Leben. Wie können wir also unsere Körper ewig jung halten, wenn wir wissen, dass unsere Zellen unweigerlich altern?

Halten wir fest: Alte Zellen sollten nicht lange im Körper bleiben, weil sie das Altern beschleunigen. Am effizientesten wäre es, alte Zellen mittels Apoptose aus dem Organismus zu entfernen, damit sie keinen Schaden anrichten können. Abgestorbene Zellen werden entfernt und durch frische Stammzellen ersetzt. Genau das machen einige nicht alternde einfache Tiere – wie zum Beispiel die Hydra.

7

Die Hydra und weitere Tiere, die nicht (schnell) altern

Alles, was lebt, muss eines Tages sterben. Alles? Es scheint Ausnahmen zu geben!

Die Hydra ist ein kleiner Süßwasserpolyp, nur 20 bis 40 Millimeter klein, der eine wirklich erstaunliche Eigenschaft hat: Er kann sich vollkommen regenerieren. Schneidet man eine Hydra in zwei Teile, so regenerieren sich beide Teile. Nach circa 5 bis 20 Tagen entstehen aus den beiden Teilen zwei Hydras! Von diesem Vorgang kommt auch ihr Name: In der griechischen Mythologie war die Hydra ein vielköpfiges Monster. Schnitt man diesem einen Kopf ab, wuchsen zwei Köpfe nach.

Die Hydra scheint deshalb nicht zu altern, da die Wahrscheinlichkeit, dass sie stirbt, nicht mit dem Alter des Tieres steigt (Schaible, 2015). In einem groß angelegten Experiment wurde die Mortalität der Hydra gemessen – mit dem überraschenden Ergebnis, dass diese Tierchen mit der Zeit nicht altern und die Sterberate nicht zunimmt. Auch bleiben die Regenerations- und Reproduktionsfähigkeiten mit dem Alter erhalten und ändern sich nicht.

Die derzeit am besten belegte Hypothese, warum die Hydra nicht altert, ist ihre Fähigkeit, sich ständig zu regenerieren. Der Transkriptionsfaktor FOXO, der in Kapitel 10 näher unter die Lupe genommen werden wird, ist ständig aktiv und verantwortlich dafür, dass sich Stammzellen sehr effizient vermehren. Stammzellen spielen eine bedeutende Rolle beim Alterungsprozess. Auch der Mensch hat übrigens FOXO-Gene.

Wie lange leben Zellen und Organismen eigentlich?

Wir haben die Zellteilung und Reproduktion als eines der Kriterien für den Prozess Leben definiert. Es gibt keine Berichte über Lebewesen, die ohne Zellteilung über längere Zeit am Leben bleiben (Petralia, 2014). Das wäre auch schwer zu beobachten, weil wir selbst ja nicht so lange leben. Es gibt aber Lebewesen, die wegen Hunger oder Kälte in einer Art Stillstand verharren und dann wiederbelebt werden konnten. Rekordberichte beschreiben etwa, dass Samen der Pflanze *Silene stenophylla* nach 32.000 Jahren im sibirischen Permafrost wieder zum Keimen gebracht werden konnten. Auch Viren konnten nach 30.000 Jahren im Permafrost wiedererweckt werden (Legendre et al., 2015).

Es gibt einige Rekordhalter unter den mehrzelligen Organismen, von denen die Hydra und die kleine Qualle mit dem netten Namen *Turritopsis dohrnii* (unsterbliche Qualle) als unsterblich gelten. Diese Tatsache ist natürlich kaum exakt zu messen oder zu beobachten. Diese potenzielle Unsterblichkeit wird angenommen, weil sich die Quallen ständig regenerieren und keine Alterungserscheinungen an ihnen zu beobachten sind. Die Lebensspanne des Riesenschwamms *Scolymastra joubini* wird auf 10.000 Jahre geschätzt. Es ist auch bekannt, dass Wale, Haie und Schildkröten ein paar Hundert Jahre alt werden können. Der älteste bekannte Mensch, die Französin Jeanne Calment, ist 1997 im Alter von 122 Jahren gestorben. Es ist also anzunehmen, dass noch einiges an Jahren für uns Menschen drinnen sein könnte.

Bei Einzellern ist es schwierig, Unsterblichkeit im Labor nachzuweisen, weil das Experiment einfach zu lange dauert, als dass wir das Ergebnis in unserer Lebenszeit messen könnten. Es gibt aber Berichte, dass eine Kultur von *Paramecium* (Pantoffeltierchen) aus dem Jahr 1907 nach 36 Jahren und 21.800 Generationen und eine Kultur von *Tetrahymena* (ein Wimperntierchen) aus dem Jahr 1923 nach 51 Jahren noch am Leben waren.

Stammzellen als Schlüssel zu einem langen gesunden Leben

Der Schlüssel zur Unsterblichkeit eines mehrzelligen Organismus liegt also in dessen Regenerationsfähigkeit, die wiederum von der Aktivität der toti- und pluripotenten Stammzellen abhängig ist. Eine Stammzelle ist so definiert, dass sie die Möglichkeit besitzt, sich immer weiter zu teilen. Diesen Vorgang nennt man Proliferation. Zusätzlich kann sie sich bei der Zellteilung verändern und sich zu anderen Zelltypen entwickeln. Eine totipotente Zelle kann sich zu einem vollständigen Organismus entwickeln, pluripotente Stammzellen zu vielen anderen Zelltypen. Je komplexer ein Organismus ist, desto mehr unterschiedliche Zelltypen hat er.

Nun scheint es so zu sein, dass mit der Komplexität der Organismen das Potenzial der Unsterblichkeit abnimmt, weil die Stammzellen beschädigte Zellen nicht mehr so effizient ersetzen können. Je komplexer ein Zelltyp, desto komplexer ist auch seine Differenzierung. Das »trade-off« für eine höhere Spezialisierung eines Organismus scheint der Verlust des Potenzials zur Unsterblichkeit zu sein. Die Ursache für den Verlust der Unsterblichkeit in höheren Organismen liegt in der Abnahme der pluripotenten Stammzellen.

Hier ein Gedanke, der viel über die Langlebigkeit unseres Lebenssystems aussagt: Als das Leben entstanden ist, vor circa 3,5 Milliarden Jahren, hat sich eine erfolgreiche Zelle durchgesetzt. Wir und alle heutigen Lebewesen sind Nachkommen dieser einen Urzelle, dieses Urfahrs, des LUCA (Last Universal Common Ancestor). Das ist eine Hypothese, die aber stark durch eine wichtige Beobachtung belegt ist, nämlich: dass der genetische Code universell ist.

Das bedeutet: Alle Lebewesen, die wir heute kennen, benutzen den gleichen genetischen Code. Es gibt keine Hinweise auf die funktionelle Notwendigkeit, dass der genetische Code so ist, wie er ist. Er könnte auch ganz anders sein! Wir nehmen an, dass der genetische Code ein eingefrorener Zufall ist. Wäre das Leben mehrmals unabhängig voneinander entstanden, wäre der Code der einzelnen Lebewesen mit sehr hoher Wahrscheinlichkeit unterschiedlich. Das bedeutet, dass diese eine Zelle, die LUCA, sich nach 3,5 Milliarden Jahren immer noch fortpflanzt. Von diesem Blickwinkel aus könnten wir sagen: LUCA lebt immer noch in den heutigen Lebewesen weiter.

8

Gene für ein langes Leben

Manche Menschen altern früh und haben etliche altersspezifische Krankheiten. Andere werden über hundert Jahre alt und sind dabei ziemlich fit. Es gibt immer wieder Berichte über Regionen der Welt, in denen überdurchschnittlich viele Hundertjährige leben. Für die Wissenschaft ist es nicht einfach, herauszufinden, was der Grund dafür ist, dass manche Menschen so lange leben. Einerseits liegt es sicherlich an einer gesunden Lebensweise. Es könnten aber auch genetische Faktoren sein, die ein langes Leben wahrscheinlicher machen. Gibt es also Gene für ein langes Leben?

Die Antwort ist ein klares Ja. Es gibt solche Gene. Aber wie findet man sie? In der Wissenschaft muss man sehr genau zwischen Korrelation und Kausalität unterscheiden. Manchmal korrelieren genetische Merkmale, ohne dass sie wirklich einen kausalen Zusammenhang haben. Es könnte auch reiner Zufall sein. Unter genetischer Korrelation versteht man Eigenschaften, die häufig gleichzeitig auftreten, aber nicht unbedingt biochemisch zusammenhängen. Wenn Gene auf demselben Chromosom nahe beieinanderliegen, spricht man von genetischer Verknüpfung. Die Genversionen, die zusammen auf einem Chromosom vorhanden sind, werden häufiger

In meinen Augen wird
die Genetik
des Alterns
das Thema
der nächsten
Jahrzehnte sein.

gemeinsam vererbt. Ein Beispiel: Linkshänder zu sein korreliert mit einer höheren Wahrscheinlichkeit, Schizophrenie zu entwickeln, und einer geringeren Wahrscheinlichkeit, an Parkinson zu erkranken. Trotzdem gibt es keinen kausalen Zusammenhang, sondern nur eine Korrelation, weil sich die genetischen Marker nahe beieinander auf der DNA befinden. Weitere bekannte Beispiele sind blonde Haare und blaue Augen oder braune Haare und braune Augen. Wenn bei sehr alten Menschen manche Genvariationen häufiger vorkommen, muss daher auch geklärt werden, warum dies zur Langlebigkeit führt.

Mutationen und Variationen

Wir Menschen haben alle die gleichen Gene, aber jedes Gen kann kleine Variationen (Veränderungen) enthalten, welche die Funktion der Gene beeinflussen. Dabei handelt es sich um kleine Unterschiede in der Sequenz. Man nennt sie Punktmutationen beziehungsweise Single Nucleotide Polymorphisms (SNPs), »snips« ausgesprochen. Manche dieser Variationen vermindern die Aktivität der Gene, andere machen sie aktiver. Aber der Großteil der Variationen hat keinen Einfluss auf die Aktivität des Genprodukts. In der Altersforschung sucht man also nach jenen Variationen, welche bei Menschen, die bis ins hohe Alter fit bleiben, gleich sind. Anschließend wird dann untersucht, welche unterschiedlichen Aktivitäten die jeweiligen Variationen bewirken.

Es gibt viele Wege, Gene zu identifizieren, die mit hohem Alter korrelieren. Man kann einerseits die DNA-Sequenz von Menschen, die langsam oder schnell altern, miteinander vergleichen. Andererseits kann man auch die Aktivität der Gene (das Transkriptom) sehr vieler Menschen, die sehr alt sind, mit jener von jungen Menschen vergleichen.

Um nun altersspezifische Gene zu finden, werden die Transkriptome vieler schnell gealterter und jung gebliebener Menschen bestimmt und miteinander verglichen. Mittels spezieller Computerprogramme wird dann untersucht, welche Gene bei früh gealterten Menschen hochaktiv sind und welche nicht. Die Unterschiede werden anschließend aufwendig untersucht, es wird überprüft, ob sie wirklich kausal zusammenhängen oder nicht. Dabei wird nicht nur die Menge an RNA untersucht, es werden auch einzelne Genvariationen oder Punktmutationen (sogenannt Allele) miteinander verglichen, um herauszufinden, ob manche davon einen Einfluss auf die Langlebigkeit haben. So wie Gregor Mendel es schon beschrieben hat, kommt jedes Gen in vielen Variationen vor. Manche sind aber aktiver und funktionieren besser als andere Variationen.

Inzwischen gibt es eine eigene Datenbank für humane Gene, die mit dem Alterungsprozess zu tun haben könnten: CellAge (https://genomics.senescence.info). Darin befanden sich im Jahr 2020 insgesamt 279 Gene, die mit Zellalterung in Zusammenhang gebracht wurden. Einige Beispiele für solche Gene, die sich auf die Lebensspanne auswirken, liste ich hier auf.

Die Telomerase

Es gibt eine faszinierende Studie aus Kalifornien, in der die Länge der Telomere von sehr vielen Menschen gemessen und in Zusammenhang mit Fitness und Alter gebracht wurde. Damit wurde die Hypothese getestet, dass ältere Personen mit kürzeren Telomeren in peripheren weißen Blutzellen eine kürzere Lebenserwartung, eine kürzere Lebensspanne und weniger gesunde Lebensjahre vor sich haben (Njajou, 2009). Das Ergebnis zeigte keine längere Lebenserwartung, jedoch signifikant mehr gesunde Lebensjahre.

Unsere Chromosomen sind linear, das heißt, sie haben zwei offene Enden, die Telomere genannt werden. Bei jeder DNA-Verdoppelung verkürzt sich die DNA an den Enden, weil das Enzym, welches die DNA herstellt, nicht am Anfang des Stranges ansetzen kann. Dafür gibt es ein weiteres Enzym, die Telomerase (TERT), welches diese Enden auffüllt. Das Problem ist jedoch, dass in somatischen Zellen – aus denen keine Geschlechtszellen hervorgehen können – das TERT-Gen ausgeschaltet wird. Das heißt, dass nach etlichen Zellteilungen die DNA so verkürzt ist, dass manche Gene ausfallen oder offene DNA-Doppelstränge vorliegen. Das induziert die DNA-Reparatursysteme, was wiederum Stress bedeutet.

In einer weiteren Studie konnte gezeigt werden, dass chronischer Stress zu kürzeren Telomeren führt (Eppel, 2004). Psychischer Stress ist mit oxidativem Stress und niedrigerer Telomerase-Aktivität assoziiert, was einen Einfluss auf die Zellalterung und die Lebensspanne hat. Frauen mit dem höchsten Level an empfundenem Stress haben kürzere Telomere als der Durchschnitt – das entspricht einer um mindestens zehn Jahre früheren Alterung als bei Frauen mit niedrigem Stresslevel.

FOXO3

FOXO3 ist eines der wenigen Gene, in denen Polymorphismen (Variationen) gefunden werden konnten, die konsistent mit Langlebigkeit in Menschen assoziiert werden. FOXO steht für Forkhead Box und ist ein Strukturmotiv in Proteinen, die DNA spezifisch binden können. FOXO-Gene sind eine Familie von Proteinen, die jene Gene einschalten, die mit Langlebigkeit zu tun haben. Sie sind unter anderem wichtige Regulatoren für die Erhaltung von Stammzellen in der unsterblichen Hydra. FOXO-Gene spielen eine Rolle im Energiestoffwechsel, im oxidativen Stress, in der Apoptose, in der Regulation des Zellzyklus, in der Immunität, in Entzündungsprozessen und in der Erhaltung der Stammzellen. Daraus ist ersichtlich, dass FOXO-Gene eine zentrale Bedeutung im Alterungsprozess haben müssen. Bei der Hydra bewirkt ein einziges FOXO-Gen ihre Unsterblichkeit, aber bei komplexeren Organismen kontrollieren FOXO-Gene ein breites Spektrum an speziellen Aktivitäten in verschiedenen Geweben. Säugetiere haben beispielsweise vier Typen von FOXO-Genen, wobei der dritte Typus, FOXO3, derzeit großes Interesse für klinisch relevante Alterungsprozesse weckt. Die Idee, die Aktivität von FOXO3 zu erhöhen, um die menschliche Lebensspanne zu verlängern und altersbedingte Krankheiten zu verhindern, stößt derzeit auf viel Aufmerksamkeit in der Altersforschung.

FOXO4

Bei FOXO4 handelt es sich um ein DNA-bindendes Protein und einen Transkriptionsfaktor, der mehrere zelluläre Aktivitäten reguliert: oxidativen Stress, Insulinaktivität, den Zellzyklus, die Apoptose und vor allem die Langlebigkeit. Am wichtigsten ist seine Fähigkeit, das Protein p53 zu binden und dabei die Zellalterung zu stimulieren. Das Protein p53 ist nämlich ein Tumorsuppressor und Wächter unserer zellulären Fitness. FOXO4 führt also zur Zellalterung – und tut daher das Gegenteil von dem, was wir erreichen wollen. Es ist daher notwendig, diese p53-bindende Aktivität auszuschalten. Dafür gibt es bereits ein Mittel, das wir uns in Kapitel 9 noch näher ansehen werden.

Sirtuine

Sirtuine sind eine Familie von Genen, die andere Gene epigenetisch regulieren. Sie codieren für Proteine, die hochkonserviert in allen Lebewesen vorkommen. Für diese Enzyme aus der Gruppe der Histon-/Protein-Deacetylasen konnten lebensverlängernde Eigenschaften nachgewiesen werden. Als erstes Sirtuin wurde Sir2 in Hefe entdeckt, als eine Erhöhung der Sir2-Aktivität zu einer wesentlichen Lebensverlängerung der Hefe geführt hat. Eine Erhöhung der Sir2-Aktivität führt auch bei höheren Lebewesen wie Würmern oder Fruchtfliegen zu längeren Lebensspannen. In Säugetieren haben etliche Sirtuine eine Mono-ADP-Ribosyl-Transferase-Aktivität, die auch von NAD+ abhängig ist. NAD+ steht für Nicotinamid Adenine Dinucleotide und ist ein Coenzym, das an der Redoxreaktion des Stoffwechsels beteiligt ist. Es bindet als »Hilfsmolekül« an etliche Enzyme, die für den Energiemetabolismus in den Mitochondrien wichtig sind. Zum Beispiel sind Sirtuine NAD-abhängige Enzyme. Die Verfügbarkeit von NAD+ hängt stark vom Stoffwechsel und dem Energiestatus ab.

Bei Säugetieren ist die Wirkung von Sirtuinen auf die Lebensspanne noch nicht eindeutig nachgewiesen. Trotzdem werden bereits Substanzen, welche die Aktivität von Sirtuinen erhöhen, als Anti-Aging-Produkte vermarktet. Dazu gehören Resveratrol, das Sirtuine einschaltet, und Nicotinamid-Ribosid, welches die Menge an NAD+

im Körper und im Gehirn erhöht. Sirtuine sind NAD+-abhängige Enzyme: Sie brauchen diese Substanz, um aktiv sein zu können. Zudem sind sie auch für die lebensverlängernde Wirkung bei der Kalorienrestriktion verantwortlich.

APOE – Extreme Langlebigkeit, 105+

Während die meisten genetischen Studien als Schlüssel zur Langlebigkeit eine Mischung von Umweltfaktoren und genetischen Variationen ergeben, poppt bei einer wichtigen Studie zur extremen Langlebigkeit von Menschen, die 105 und älter werden, ein Gen auf: das APOE-Gen (Sebastini et al., 2019). In Frankreich wurde beobachtet, dass Hundertjährige sehr selten die Variante APOE4 des Gens besitzen, welche mit Alzheimer in Verbindung gebracht wurde. Dafür erhöht eine Kombination der Varianten APOE2/E3 gegenüber einer APOE3/3-Variante signifikant die Wahrscheinlichkeit, ein extrem hohes Alter zu erreichen. Diese Daten müssen noch in Studien mit höheren Zahlen bestätigt werden. Das ist allerdings nicht so einfach, weil die APOE2/2-Variante eher selten vorkommt, und zwar in weniger als einem Prozent der Bevölkerung. In manchen indigenen Völkern ist sie komplett abwesend.

Sie variiert außerdem stark zwischen ethnischen Gruppen.

Das APOE-Gen codiert für das ApoE-Protein, das Fette, fettlösliche Vitamine und Cholesterin in die Lymphbahn und dann ins Blut transportiert. Die Varianten APOE2, APOE3 – die am häufigsten vorkommen – und APOE4 unterscheiden sich nur in einer einzigen Aminosäure an der Position 112 beziehungsweise 158: kleine Unterschiede mit großen Folgen für die Gesundheit im höheren Alter.

Modellorganismen für die Altersforschung

Werden Genvariationen gefunden, die mit Langlebigkeit korrelieren, muss unbedingt belegt werden, dass sie wirklich dafür verantwortlich sind. Dafür braucht man Modellorganismen und Gentechnik: Die Gene werden in den Modellorganismen ausgeschaltet oder/und überexprimiert. Dann wird gemessen, wie sich diese Mutationen oder Veränderungen der Genexpression auf die Lebenserwartung auswirken. Es gibt Modellorganismen, die sich besonders gut für genetische Studien eignen, weil sie leicht zu manipulieren sind. Die bekanntesten sind die Bierhefe *Saccharomyces cerevisiae*, die Fruchtfliege *Drosophila melano-*

gaster, der Fadenwurm *Caenorhabditis elegans* und die Maus. Diese vier Modellorganismen werden am häufigsten in der Altersforschung eingesetzt. Erstaunlich ist, dass diese Organismen, die genetisch weit vom Menschen entfernt sind, Gene besitzen, die sich gleich verhalten wie menschliche Gene. Deswegen ist die Funktion dieser Gene in den Modellorganismen und im Menschen miteinander vergleichbar.

Auch Hefezellern altern: Man kann daher genetische Studien durchführen, in denen Mutanten gesucht werden, die langlebiger sind. Ein Beispiel: Das Ausschalten des Gens, welches für das kleine G-Protein Ras2 codiert, verdoppelt die Lebensspanne der Hefe. Ras2 ist ein Protein, das auf Stickstoffmangel, also Hunger, reagiert und das Wachstum reguliert. Ras2 der Hefe hat ein Paralog im Menschen, das RAS1-Gen, es codiert für ein Protein, das vor Krebs schützen kann.

Und im kleinen Fadenwurm *Caenorhabditis elegans* mit einer Lebensspanne von zwei bis drei Wochen, bewirken Mutationen in dem DAF-2-Lokus eine Verdoppelung seiner Lebensspanne. Für diese Verdoppelung braucht es das Genprodukt des DAF-16-Gens, das ein Transkriptionsfaktor der FOXO-Familie ist. Diese langlebigen Mutanten sind resistent gegen oxidativen Stress.

Das sind nur ein paar wenige Beispiele, die verdeutlichen sollen, wie die Funktionen von Genen untersucht werden, die mit der Lebensspanne zu tun haben. Die Genetik des Alterns ist ein sehr intensives Forschungsgebiet und ich erwarte rasante Fortschritte – in meinen Augen wird dies das Thema der nächsten Jahrzehnte sein.

9

Drogen für ein langes Leben

Wir verstehen mehr und mehr, auf welche Weise welche Gene und ihre Produkte zusammenarbeiten und wie das zu einer Lebensverlängerung führen kann. Die diesbezügliche Forschung schreitet schnell und stetig voran. Es wäre verständlicherweise ein enorm lukrativer Wirtschaftsfaktor, wenn es einfach Pillen gäbe, die unser Leben verlängern und/oder uns vor altersbedingten Krankheiten schützen würden. Viele Produkte sind bereits auf dem Markt, manche über Apotheken, manche über das Internet erhältlich. Ich nenne sie »Drogen«, weil sie nicht unbedingt als Medikament bezeichnet werden können. Einfache Nahrungsergänzungsmittel oder Vitamine sind sie jedoch auch nicht. Die Bezeichnung Droge passt am besten.

Was wäre also, wenn es eine Droge gäbe, die uns verjüngt? Die den Alterungsprozess umkehren könnte?

FOXO4-DRI: Die Verjüngung durch therapeutische Entfernung von alten Zellen

Die neue synthetische Droge FOXO4-DRI ist in meinen Augen wirklich ein Meilenstein der Wissenschaft. Sie zeigt, was alles schon möglich ist und wie genau wir bereits manche Phänomene ver-

Was wäre also,
wenn es
eine Droge gäbe,
die uns
verjüngt?

stehen. Die Forschungsgruppe rund um Peter de Keizer (Baar et al., 2017) hat alternde Zellen untersucht und sich die Frage gestellt, warum sie überleben und nicht durch Apoptose entfernt werden. Wie schaffen es diese alten Zellen, der Apoptose zu entkommen? Alternde Zellen hören auf, sich zu vermehren, und häufen sich mit der Zeit an. Das fördert und beschleunigt den Alterungsprozess und verursacht Entzündungen, was wiederum altersbedingte Krankheiten begünstigt. Die Forschungsgruppe untersuchte nun, welche Gene in den alten Zellen höher exprimiert sind als in jungen Zellen und fand das Gen FOXO4.

Die Mitglieder der FOXO-Gen-Familie sind, wie in Kapitel 8 angeführt, bekannt als Gene für ein langes Leben. Das FOXO4-Gen wird normalerweise in jungen Zellen kaum exprimiert. Dieses Gen inhibiert Apoptose und hält so alte Zellen am Leben. Nun fand die Forschungsgruppe heraus, dass FOXO4 an p53, eines der am meisten untersuchten Proteine, bindet und dadurch die Apoptose unterdrückt wird. TP53 (Tumorprotein 53) ist ein Tumorsuppressor, der die Zellteilung reguliert, sodass Zellen nicht unkontrolliert wachsen. Damit wirkt er der Entwicklung von Krebs entgegen. Bei DNA-Schäden und Stress steigt die Menge an p53, das drei Aufgaben hat: Wachstumsstopp, DNA-Reparatur und Apoptose. FOXO4 scheint p53 daran zu hindern, die Apoptose einzuschalten.

Im nächsten Schritt überlegten die Forscher*innen, wie sie eine Droge entwickeln könnten, die spezifisch diese Wechselwirkung zwischen FOXO4 und p53 stören könnte. Das Ergebnis kann sich sehen lassen und heißt FOXO4-DRI, dabei handelt es sich um ein kurzes Protein. DRI steht für »D-Retro-Inverso« und ist ein kurzes synthetisches Protein, das rationell designt wurde, um genau an jene Stelle von FOXO4 zu binden, die mit p53 interagiert. Es befreit p53, das dann in die Mitochondrien wandert und dort die Apoptose einschaltet.

Weitere Untersuchungen haben gezeigt, dass FOXO4-DRI kaum eine Wirkung in jungen gesunden Zellen hat, denn in jungen Zellen gibt es wenig FOXO4. Viel interessanter ist aber, dass altes Gewebe durch Behandlung mit FOXO4-DRI wieder »jung« wird, weil die alten Zellen entfernt werden. Diese Droge wurde an schnell alternden und alten Ratten getestet – mit dem überzeugenden Ergebnis, dass sie ein dichteres Fell bekamen, wieder abenteuerlustig wurden und freiwillig intensiver das Laufrad verwendeten. Sie verhielten sich also wieder wie junge Ratten.

Damit stellt sich die Frage, ob solche »Jungmacherdrogen« in Zukunft regelmäßig verwendet werden könnten, um eine Verjüngungskur zu machen. So könnte das Ablaufdatum von Menschen in regelmäßigen Abständen nach hinten verschoben werden.

Weitere potenzielle Anti-Aging-Drogen

Die folgende Liste enthält jene Drogen, die die höchste Anti-Aging-Wirkung versprechen und von denen wir den Mechanismus kennen. Nicht überraschend ist, dass etliche dieser Drogen auf jene Gene oder deren Genprodukte wirken, von denen wir wissen, dass sie für ein langes Leben verantwortlich sind.

Resveratrol – die gute Ausrede für ein Glas Rotwein

Resveratrol ist ein Polyphenol, ein Pflanzenprodukt, das besonders konzentriert in der Schale von roten Trauben, in Himbeeren, Maulbeeren, Zwetschgen, Erdnüssen und in etlichen anderen Pflanzen enthalten ist. Bekannt ist, dass Resveratrol die Sirtuine aktiviert, also jene Gene, die andere Gene epigenetisch regulieren. Im Alter nimmt die Aktivität vieler Gene ab, was sich negativ auf den Stoffwechsel auswirken kann. Resveratrol erhöht die Aktivität von Sir2, einem Mitglied der Deacetylasen, die NAD+-abhängig sind. Das Gen für das Protein p53 wird dadurch aktiviert. Ein ähnlicher Effekt wird durch Kalorienrestriktion erreicht; Resveratrol täuscht die Kalorienrestriktion vor, verbessert die Stabilität der DNA und erhöht die Lebensspanne in Tierversuchen.

Nicotinamid Ribosid – Energie für das alte Hirn

NAD (Nicotinamid Adenin Dinucleotid) ist ein Coenzym, welches für die Aktivität vieler Enzyme notwendig ist, die mit dem Energiemetabolismus in Verbindung stehen. Nicotinamid Ribosid (NR) ist eine Vorstufe von NAD, die besonders effizient aufgenommen wird und den Serumspiegel des bereits angesprochenen NAD+ verbessert. Diese Substanz wird derzeit sehr intensiv untersucht, weil die Erhöhung des NAD-Gehalts im Körper als bestätigte Therapie gegen etliche metabolische Krankheiten wirkt. Sirtuine sind auch NAD-abhängige Enzyme. Im Gehirn ist besonders viel Energie notwendig. In einer 2022 erschienenen Studie (NADPARK) wurde gezeigt, dass NR das

Gehirn erreicht und zu mehr Energie führt – mit sehr optimistischen Prognosen. Weitere Studien sind hier aber noch notwendig (Brakedal, 2022). NAD wird für die Aktivität vieler Enzyme benötigt, nicht nur für die Erzeugung von ATP (die Energiewährung der Zellen), sondern auch für Sirtuine, die NAD-abhängig sind und die Epigenetik im Alter steuern.

Spermidin

Spermidin ist ein Polyamin, das in allen Zellen vorkommt. Es wurde zuerst in Spermien entdeckt, darauf geht sein Name zurück. Vor Kurzem wurde eine erstaunliche Wirkung von Spermidin entdeckt: Es erhöht die Basisaktivität der Autophagie (Madeo, 2019), dem wichtigen Mechanismus, der die Zellen von innen reinigt. Autophagie wird derzeit intensiv erforscht, weil es eine essenzielle Rolle dabei spielt, dass Zellen sich entrümpeln und beschädigte Moleküle ausgeschieden werden können. Die Einnahme von Spermidin über die Nahrung erhöht die Lebensspanne und die Gesundheit in so diversen Organismen wie Bierhefe, Würmern, Fliegen und Mäusen. Es gibt Untersuchungen, die zeigen, dass mit dem Alter die Konzentration von Spermidin abnimmt, was in Verbindung mit altersbedingten Krankheiten gebracht wird. Deswegen wird eine spermidinreiche Ernährung empfohlen. Spermidin findet man im Käse (Cheddar, Brie und Parmesan), in Weizenkeimen, in Pilzen, Hülsenfrüchten und in vielen Gemüsesorten.

Rapamycin

Rapamycin ist ein Antibiotikum aus dem Actinobakterium *Streptomyces hygroscopicus*. Es hat viele verschiedene Wirkungen. Einerseits ist es ein Immunsuppressivum und wurde auch gegen Pilzinfektionen eingesetzt. Ziemlich unerwartet meldete sich Rapamycin in einem Screeningversuch auf Substanzen mit lebensverlängernder Wirkung in Ratten. Diese lebten um circa zwölf Prozent länger, was auf den Menschen umgerechnet eine Lebensverlängerung von sechs bis neun Jahren ausmachen könnte (Harrison, 2009). Von der Einnahme solcher Drogen würde ich aber abraten, weil die Nebenwirkungen massiv sein könnten.

Sargahydroquinonsäure (SHQA)

Diese Droge unterdrückt das Altern, indem es den Akt/mTOR-Signalweg unterdrückt, einen intrazellulären Signalweg, der den Zellzyklus reguliert und die Balance zwischen verschiedenen Zuständen wie Ruhe, Wachstum, Differenzierung, Apoptose und Zellalterung steuert (Cao, 2021). Menschliche Zellen namens HUVECs wurden mit Wasserstoffperoxid behandelt, um den Alterungsprozess durch oxidativen Stress herbeizuführen. Dann wurden die typischen Alterungsmarker gemessen. Bei Zellen, die vorher mit SHQA behandelt wurden, waren diese Alterungserscheinungen deutlich reduziert. SHQA hemmt die Modifizierung (Phosphorylierung) von Akt/mTOR und die replikative Seneszenz, also den Verlust der Teilungsfähigkeit von Zellen. Somit ist SHQA ein guter Kandidat, um eines Tages als Anti-Aging-Droge eingesetzt zu werden.

Kräuter für ein langes Leben

Wenn man nach traditionellen medizinischen Therapien gegen altersbezogene Beschwerden und Krankheiten sucht, rücken etliche Kräuter aus Asien in den Fokus (Phu et al., 2020). Da finden sich Pflanzen wie Ginseng, mongolischer Tragant, der Pilz Glänzender Lackporling, der Ginkgo, das Kraut des Lebens Jiaogulan, die allesamt als Anti-Aging-Phytotherapeutika auf immer mehr Interesse stoßen.

Ginseng (*Panax ginseng*)
ist wohl das bekannteste asiatische Kraut für eine gute Gehirnleistung im Alter. Es gibt Tausende wissenschaftliche Studien zur Wirkung der Wurzelinhaltsstoffe. Sie sollen vor allem ein stärkendes Mittel gegen Stress sein und die Lernfähigkeit und die Gedächtnisleistung steigern. Ginseng verlangsamt auch die Blutgerinnung.

Wurzelextrakte des Mongolischen Tragants (*Astragalus propinquus*)
Sie enthalten Astragaloside, die anscheinend imstande sind, die Telomere zu verlängern, indem sie das Enzym Telomerase aktivieren. Kurze Telomere sind schlecht für die Stabilität der DNA an den Enden der Chromosomen (Liu et al., 2017).

Jiaogulan
Das Kraut des Lebens und der Unsterblichkeit (*Gynostemma pentaphyllum*) ist ein Gewächs aus der Kürbisfamilie, kommt aus China und wird dort seit Jahrtausenden für ein harmonisches und langes Leben eingesetzt. Dieses Kraut enthält über 100 Saponine und mehr Ginsenoside als Ginseng. Die frischen Blätter werden als Salat gegessen oder als Tee konsumiert. Jiaogulan hilft den Cho-

lesterin- und Blutzuckerspiegel zu senken und verbessert die Funktionen der Leber, die dann besser entgiften kann. Tatsächlich liegt in der chinesischen Provinz Guizhou, wo dieses Kraut häufig konsumiert wird, der Anteil der Über-Hundertjährigen stark über dem Durchschnitt der sonstigen Bevölkerung. Man findet dort viele Hundertjährige, die sich bester Gesundheit erfreuen.

Alle diese Drogen haben ihre Berechtigung, denn so viel ist klar: Wollen wir unsterblich werden, dürfen wir nicht schnell altern. Das erste konkrete Ziel muss es daher sein, jung zu bleiben, indem wir Wege finden, damit die Zellen im Körper ebenfalls jung bleiben. Der Tod ist bislang eine essenzielle Komponente des Lebens. Möchte man als Individuum dagegen jung bleiben, muss man es irgendwie bewerkstelligen, dass alternde Zellen entfernt und durch neue ersetzt werden.

10

Sollten wir den Neandertaler wieder zum Leben erwecken?

Eine äußerst berechtigte Frage, schließlich gibt es Hinweise darauf, dass wir, als *Homo sapiens*, an seinem Aussterben schuld sein könnten. Die Sequenzierung des Neandertalergenoms hat einiges zutage gebracht, vor allem den überraschenden Befund, dass der *Homo sapiens* mit dem Neandertaler Nachkommen gezeugt hat – und dass wir moderne Europäer*innen noch einige Gene des Neandertalers in uns tragen. So gesehen lebt er – nicht viel, aber immerhin ein wenig – in uns weiter.

Ich finde die Idee, den Neandertaler wiederauferstehen lassen, sehr verlockend. Es ist derzeit natürlich nur ein Gedankenexperiment, aber es führt zu vielen Überlegungen, die sehr nützlich sind und unseren Horizont erweitern können. Schließlich ist es doch so: Von den meisten Arten gibt es mehrere Gattungen, außer vom Menschen. Wir Menschen sind allein. Alle anderen Hominiden, die irgendwann existiert haben, sind mittlerweile ausgestorben. Seit 40.000 Jahren, seit der Neandertaler ausgestorben ist, sind wir die einzige Menschenart. Früher hatten wir Artgenossen, mit denen wir uns erfolgreich gepaart haben. Wir sind durch diese Vermischung mit etlichen anderen Hominiden entstanden. Insofern könnten wir uns auch wieder mit dem Neandertaler vermischen, um Neues entstehen zu lassen. Wir könnten wahrscheinlich sogar ganz neue Hominiden mittels artifizieller Intelligenz berechnen lassen, die nicht altern und als neue Mitmenschen mit uns leben. Der Fantasie sind keine Grenzen gesetzt!

Die Idee, ausgestorbene Tierarten wiederauferstehen zu lassen, ist nicht neu und kam auch in der Literatur bereits öfter vor. Sehr aufregend und erfolgreich war die Geschichte von »Jurassic Park«. In diesem Science-Fiction-Film haben Wissenschaftler*innen Dinosaurier wieder zum Leben erweckt und einen Vergnügungspark geschaffen. Über den Grund, warum die Dinosaurier vor 65 Millionen Jahren ausgestorben sind, ist sich die Wissenschaft bis heute noch nicht einig. Wichtig ist allerdings zu wissen, dass der *Homo sapiens* den Dinosauriern nie begegnet ist, denn ihre Lebenszeiten haben sich nicht überlappt. Museen, in denen Mensch und Dinosaurier gleichzeitig dargestellt werden, sind kreationistischer Unsinn.

Das Neandertaler-Genom

Der Neandertaler ist vor circa 40.000 Jahren ausgestorben. Der Forschungsgruppe rund um Svante Pääbo am Max-Planck-Institut für evolutionäre Anthropologie ist es allerdings gelungen, genügend DNA des Neandertalers aus verschiedenen Fundorten zu reinigen, um zuerst die mitochondriale DNA und dann auch die genomische DNA zu entziffern. Die große Überraschung aus diesen Experimenten war die Hypothese, dass es eine Vermischung von Neandertaler und modernen Menschen gegeben haben könnte. Es sieht so aus, als könnte Neandertaler-DNA in modernen heutigen Menschen außerhalb Afrikas überlebt haben. Wir Europäer*innen haben anscheinend noch ein bis vier Prozent Neandertaler-DNA in uns! Wie ähnlich wir dem Neandertaler sind, darüber wird noch debattiert. Derzeit dominiert die Annahme, dass wir moderne Europäer*innen uns häufiger mit dem Neandertaler gepaart haben und dass unsere DNA mit jener des Neandertalers zu 99,7 Prozent identisch ist. Als Vergleich: Mit dem Schimpansen stimmt unsere DNA zu 98,9 Prozent überein.

Wie man (k)einen Saurier herstellt

Wie wurden in »Jurassic Park« die Dinosaurier technisch wiederhergestellt? Eine plausible Quelle für die DNA der Dinosaurier war eine Mücke, die das Blut der Dinosaurier aufgesaugt hatte und dann in Baumharz eingeschlossen und in Bernstein als Fossil konserviert wurde. Die DNA-Fragmente der Dinosaurier aus diesem Fund wurden mit Amphibien-DNA vervollständigt. Diese DNA wurde in künstliche Dinosauriereier aus Millipore-Plastik injiziert. An dieser Geschichte erkennt man, dass das Wissen zu der Zeit, als der Film erschien – 1993 –, noch sehr lückenhaft war. In Wirklichkeit wurde noch nie DNA von Dinosauriern gefunden. Die älteste bis heute gefundene DNA ist circa eine Million Jahre alt. Also weit entfernt von 65 Millionen Jahre alter Dino-DNA. Dinosaurier wiederherzustellen bleibt daher eine Utopie.

Um hingegen den Neandertaler wieder zum Leben zu erwecken, müsste man, nehme ich an, in etwa so vorgehen wie bei der Klonierung des Schafes Dolly. Man braucht in jedem Fall eine bereits lebende Zelle, anders geht es nicht. Denkbar wäre, die DNA aus dem Kern einer menschlichen Eizelle zu entfernen und durch eine synthetisch hergestellte Neandertaler-DNA zu ersetzen. Oder, andersherum: Man geht von der *Homo-sapiens*-DNA aus und ändert durch genomisches Editieren die DNA-Sequenz eines menschlichen Embryos. Dann kommt jedoch der schwierigste Schritt: Wo soll dieses Wesen ausgetragen werden? Wir haben schließlich noch keine funktionstüchtigen Retorten. Würde sich eine Frau zu Verfügung stellen, das Neandertaler-Baby auszutragen? Dem müsste eine lange Debatte vorangehen.

Abgesehen davon würde es nicht genügen, einen einzigen Neandertaler herzustellen. Man bräuchte schon ein paar Tausend von ihnen, damit sie sich wieder selbst vermehren und organisieren könnten.

Diese Geschichte könnte man jetzt weiterspinnen: Die neuen Neandertaler müssten natürlich die gleichen Rechte haben wie alle anderen Menschen. Es gibt viele Facetten, die bis zum Schluss durchgedacht werden müssten – in rechtlicher, ethischer und kultureller Hinsicht. Technologisch wäre es sicherlich möglich, ein solches Experiment zu wagen.

11

Die Wiederauferstehung des Wollmammuts

Die Technologie, die benötigt werden würde, um den Neandertaler wieder zum Leben zu erwecken, ist in Entwicklung und im Prinzip keine Zukunftsmusik mehr. Derzeit wird an der Auferstehung des Wollmammuts gearbeitet. Bereits im Jahr 2027 soll es so weit sein. Ziemlich bald sollten also, wenn es nach den daran arbeitenden Wissenschaftlerinnen und Wissenschaftlern geht, Wollmammuts die sibirische Tundra besiedeln und gegen die Klimakatastrophe ankämpfen. Ein Start-up namens Colossal hat sich genau das zum Ziel gesetzt. Der erfolgreiche Harvard-Genetiker George Church und der Unternehmer Ben Lamm haben etliche Millionen Dollar an Finanzierung gesammelt und nehmen dieses Projekt mit großem Ehrgeiz in Angriff.

Das Projekt wird als ökologisch sehr wertvoll angepriesen – circa 100.000 wollige Mammuts sollen künftig in der Arktis und der Tundra grasen, um das Schmelzen des Permafrostes zu bremsen. Das Wollmammut ist ein kälteresistenter Pflanzenfresser, der Temperaturen unter null Grad leicht überlebt. Es bewegt sich langsam, hat kleine Ohren, zwei dicke Fellschichten, die sein Blut warm halten. Die enorme Größe, der donnernde Gang und die gewaltigen Migrationsmuster des Wollmammuts waren aktive Wohltäter bei der Erhaltung der Gesundheit der arktischen Region. Die Mammutsteppe war einst das größte Ökosystem der Welt – sie erstreckte sich von Frankreich bis Kanada und von den arktischen Inseln bis nach China. Es war die Heimat von Millionen großer Pflanzenfresser. Und diese Tiere waren der Schlüssel zum Schutz eines so riesigen Ökosystems, dass sie das Klima beeinflussten, wenn nicht sogar kontrollierten. Die zotteligen Tiere starben vor etwa 4.000 Jahren aus, aber sie könnten jetzt wiederauferstehen, dank moderner Biologie.

Auf der Website des Unternehmens Colossal wird der technische Ansatz, der zur Wiederauferstehung des Wollmammuts führen sollte, genau dargestellt. Der ganze Prozess soll möglichst transparent durchgeführt werden – und auch die dazu notwendige ethische Debatte öffentlich zugänglich sein. Im Kern folgt der Prozess folgenden zwölf Schritten.

1 Sammeln der DNA des asiatischen Elefanten

Zum Beginnen braucht es das Genom eines nahen Verwandten des Wollmammuts, um an das genetische Ausgangsmaterial zu gelangen. Der näheste lebende Verwandte des Wollmammuts ist der asiatische Elefant. Der erste Schritt ist nun die DNA-Extraktion aus einer Blut- oder Gewebeprobe eines lebenden asiatischen Elefanten. Die DNA wird gereinigt, um Trümmer zu extrahieren, und dann auf Quantität und Qualität getestet.

2 Sequenzieren des Genoms des asiatischen Elefanten

Bei der DNA-Sequenzierung geht es darum, die Reihenfolge der vier Basen oder chemischen Bausteine einer DNA-Molekülstruktur festzulegen. Beispielsweise zeigen DNA-Sequenzen, welche Abschnitte Gene enthalten und welche Sequenzen über die regulatorischen Anweisungen verfügen, die Gene an- oder ausschalten. Das Team von Colossal hat bereits 23 asiatische Elefantengenome sequenziert.

3 Sammeln von lebensfähigen Wollmammut-Gewebeproben

Die letzten Wollmammuts starben vor Jahrtausenden, aber aufgrund ihres eisigen Lebensraums gibt es noch sehr gut erhaltene Überreste. Diese Überreste sind für die DNA-Extraktion geeignet, obwohl einige der Sequenzen aufgrund ihres Alters nur fragmentarisch sein können. Im Jahr 2018 erwarben George Church und seine Kollegin Eriona Hysolli bedeutende Gewebeproben eines Wollmammuts in Tscherski, Sibirien.

4 Sequenzieren des Genoms des Wollmammuts

George Church und sein Team identifizierten den genetischen Unterschied zwischen Wollmammuts und modernen asiatischen Elefanten. Die Forscherinnen und Forscher verglichen die beiden Genome mit beiden Arten von Proben und fügten kritische Faktoren des Wollmammut-Genoms in das Genom des asiatischen Elefanten ein. Sie haben also bereits die DNA des Wollmammuts sequenziert.

5 Identifizieren der zu bearbeitenden Merkmale im Genom des asiatischen Elefanten

Eigenschaften, die die Fähigkeit der Wollmammuts verbessern, wie zum Beispiel die Kälteresistenz, werden festgelegt. Zu diesen kälteresistenten Merkmalen gehören kleinere Ohren, struppiges Fell, an Kälte angepasstes Hämoglobin und überschüssiges Fettgewebe. Diese Merkmale des Wollmammuts werden in das Genom des asiatischen Elefanten eingefügt.

6 Erstellung von CRISPR-Bibliotheken, welche die Bearbeitung der Gene im Genom des asiatischen Elefanten ermöglichen

CRISPR-Bibliotheken enthalten synthetische Wollmammut-DNA. Vor dem Einfügen der Wollmammut-DNA in das Genom des asiatischen Elefanten enthält eine CRISPR-Bibliothek die Wollmammut-DNA und codiert über 50 identifizierte kälteresistente Merkmale.

7 Einfügen von CRISPR-Bibliotheken

Die modifizierten kälteresistenten Gene werden in das Genom eines asiatischen Elefanten eingefügt. Einmal im Genom, bindet ein CRISPR/Cas9-Komplex, der RNA enthält, an das identifizierte Gen im Genom des asiatischen Elefanten und schneidet in die Doppelstränge der DNA des asiatischen Elefanten. Dieser Schritt ermöglicht die Hybrid-DNA-Insertion an seiner Stelle. Dieser Vorgang des Ausschneidens und Einfügens wiederholt sich für jedes Gen. Jede neue Zellreplikation exprimiert dann das Hybrid-Gen, um es an zukünftige Generationen weiterzugeben. Das Hybrid-Gen ist ein asiatisches Elefanten-Gen, das mit Wollmammut-DNA bearbeitet wurde, um die kälteresistenten Eigenschaften zu verbessern.

8 Verifizieren, dass die kältebeständigen Merkmale in Hybridzellen exprimiert werden

Die Hybrid-Gene müssen getestet und verifiziert werden. Kälteresistente Merkmaltests beinhalten die Verwendung verschiedener Assays. Assays sind qualitative und quantitative Analysen zur Bestimmung des Vorhandenseins, der Menge oder der funktionellen Aktivität eines Ziel-Gens oder -Merkmals.

9 Embryotransfer

Dieser Schritt verwendet den somatischen Zellkerntransfer (SCNT). Dabei handelt es sich um eine Labortechnik zum Klonen, bei der ein Zellkern in eine kernlose Zelle transferiert wird. Sobald die Hybridzellen richtig funktionieren, beginnt der Zellkerntransfer. Der Kern aus einem entnommenen Ei des asiatischen Elefanten wird entfernt und der Hybridkern, der die DNA des asiatischen Elefanten mit den Veränderungen des Wollmammuts enthält, wird an seiner Stelle eingefügt. Elektrische Impulse werden an die Eizelle angelegt, um die Befruchtung zu stimulieren. Das Ei beginnt sich dann zu teilen und zu einem Embryo heranzuwachsen.

10 Implantation

Das modifizierte Ei, das die DNA des Wollmammuts enthält, wird außerhalb des Körpers weiterentwickelt, während es zu einem Embryo heranwächst. Nachdem sich der Embryo entwickelt hat, wird er in einen afrikanischen Ersatzelefanten implantiert, wo er bis zur Geburt ausgetragen wird.

11 Schwangerschaft

Die Trächtigkeit oder das Wachstum und die Entwicklung im Mutterleib dauert bei afrikanischen Elefantenarten normalerweise 18 bis 22 Monate.

12 Die Geburt des Wollmammuts

Das Neugeborene wird ein Hybrid mit genetischen Merkmalen des ausgestorbenen Wollmammuts und des asiatischen Elefanten, seines lebenden Verwandten.

12

Der genetisch re-programmierte Mensch

Neandertaler, Wollmammuts – und jetzt der *Homo sapiens*? Sollen wir uns umprogrammieren, um nicht zu altern? Ich bin der Meinung, dass wir Menschen keine wirklich gelungenen evolutionären Produkte sind. Vielleicht, weil wir selbst zu viel in unsere eigene Evolution hineingepfuscht haben. Unsere Kreativität hat sich stark auf unsere Evolution ausgewirkt, im Positiven wie im Negativen, aber ganz im Sinne der Selbstorganisation. Wir sind auf keinen Fall mehr ein reines Naturprodukt.

Unsere Vorstellungen davon, was wir sein wollen, haben es in sich. Unser Wunsch, Gottes Ebenbild zu sein (was immer das ist – auf jeden Fall ohne Anfang und ohne Ende), hat dazu geführt, dass wir enorme Anstrengungen auf uns nehmen, um dieser Utopie näher zu kommen. Es motiviert uns und gibt uns Kraft zu wissen, dass wir in der Lage sind, unser »Sein« zu gestalten.

Die derzeitige maximale menschliche Lebenserwartung liegt, wie bereits angesprochen, bei 122 Jahren. Theoretisch, denn nur sehr wenige Menschen erreichen dieses Alter. Die Wissenschaft streitet sich derzeit darüber, ob es überhaupt ein maximales Alter gibt oder ob diese Altersgrenze beliebig verschoben werden kann. Wir erreichen dieses Alter aber auch deshalb nur sehr selten, weil Krankheiten, Unfälle und Verbrechen uns ständig begleiten, weil es überaus aggressive Individuen unter den Menschen gibt, die eigenartige Machtvorstellungen haben und zur Ermordung Tausender unbeteiligter Menschen anführen. Dieses Verhalten müsste auch umprogrammiert werden. Die genetischen Komponenten der Psyche sind jedoch noch weitgehend unbekannt und wären womöglich ganz anders zu reprogrammieren.

Die ethische Dimension

Bevor ich in technische Fragen einsteige, wie wir den Menschen genetisch umprogrammieren könnten, damit er nicht altert, möchte ich die ethische Dimension dieser Frage auf den Punkt bringen: Die Wissenschaft ist sich darüber einig, dass nicht in die menschliche Keimbahn (Eizellen, Spermien und Embryos) eingegriffen werden darf. Es gibt dazu einen Aufruf der einflussreichsten Wissenschaftlerinnen und Wissenschaftler auf dem Gebiet der Gentherapie, ein freiwilliges Moratorium zu adaptieren (Lander, 2019). Die Anwendung der Genschere-Methode an Körperzellen – sogenannte somatische Zellen, die nicht vererbt werden – wird wenig ethische Bedenken hervorrufen. Veränderungen durch Eingriffe in die Keimbahn jedoch werden an die nächsten Generationen weitergegeben. Diese sind derzeit teilweise gesetzlich verboten, oder es herrscht eben wissenschaftlicher Konsens darüber, diese Eingriffe nicht durchzuführen.

Trotzdem gibt es bereits einen chinesischen Wissenschaftler namens He Jiankui, der, soweit bekannt, den ersten Fall von genomischer Editierung an der menschlichen Keimbahn durchführte. Die beiden auf diese Weise entstandenen Babys kamen auch zur Welt. Die Mädchen haben Decknamen, Nana und Lulu, und tragen genomische Editierungen am CCR5-Gen, dem Rezeptor für das Aidsvirus. Die Begründung für die Editierung sollte eine Resistenz gegen HIV sein, denn der Vater der Mädchen ist HIV-positiv. 2018, während einer Konferenz in Hongkong, berichtete He Jiankui von dem erfolgreichen Experiment. Er wurde dafür verurteilt und sein Forschungslabor sofort geschlossen. Die Empörung in der wissenschaftlichen Gemeinschaft war enorm, auch weil er ziemlich stümperhaft vorgegangen ist und das Ergebnis nicht die erhoffte Editierung erbrachte, sondern Sequenzen auftraten, deren

Wirkungen nicht bekannt sind. Das schärfste Argument gegen dieses Experiment war, dass es nicht notwendig gewesen sei, denn es gibt bessere Methoden, eine HIV-Kontamination zu vermeiden. He Jiankui berichtete auch von einem dritten Mädchen, das erfolgreich editiert wurde; von diesem sind mir aber keine Details bekannt.

Es ist jedoch anzunehmen, dass genomische Editierungen an der menschlichen Keimbahn ziemlich bald Realität sein werden. Die Methode wird immer sicherer und die dafür notwendigen Kontrollen sind leicht durchführbar.

Der Selfmade-*Homo-sapiens* und der genetisch reprogrammierte *Homo immortalis*

Um nicht zu sterben, muss man zumindest das Altern abschaffen. In den vorigen Kapiteln ging es um Langlebigkeitsgene, Drogen und Lebensweisen, die den Prozess des Alterns hinauszögern. In diesem letzten Kapitel geht es nun um das genetische Umprogrammieren des Menschen, um einen neuen »Selfmade«-*Homo-sapiens*, der nicht altert.

Was muss getan werden, damit wir nicht altern und nicht altersbedingt sterben? Man kann Prozesse im Körper einschalten, die lebensverlängernd sind. Dazu gehört zuerst einmal das Allereinfachste, das bereits in aller Munde ist: Intervallfasten und Kalorienreduktion, also Fasten. Es gibt viele Formen des Fastens: Intervallfasten, Wochenfasten oder Nulltage. Wenn der Körper zu wenig Kalorien zur Verfügung hat, baut er Ballast ab und wirft den Zellmüll hinaus. Dieser Prozess wird Autophagie genannt.

Wir kennen einige Maßnahmen, die gut gegen frühzeitiges Altern helfen. Vor allem Bewegung und Kältebehandlungen sind anscheinend ein Jungbrunnen – das hat uns schon Pfarrer Kneipp beigebracht. Auch die richtige Ernährung ist wichtig: Derzeit wird »Sirtfood«, also Lebensmittel, die unsere Sirtuine aktivieren, empfohlen. Zu dieser Gruppe gehören Olivenöl, Kurkuma, Chili, dunkle Schokolade, Knoblauch, Rotwein, Kaffee, Grüntee, Wallnüsse, Zitronensaft, Äpfel und noch vieles mehr. Diese Tipps für ein gesundes Leben sind einfach zu befolgen. Man kann jederzeit damit anfangen.

Die genetische Reprogrammierung ist (noch) nicht erlaubt, und sie wird wahrscheinlich auch nicht so bald zugelassen werden. Es wird auch noch sehr lange dauern, bis wir das Ergebnis dieser Eingriffe kennen: Nach einer Reprogrammierung am Embryo müssten wir 120 oder 150 Jahre warten, um zu sehen, ob das Ergebnis den Erwartungen entspricht. Um daraus eine signifikante Statistik zu erstellen, müssten Tausende Babys reprogrammiert werden. Das werden wir also nicht mehr erleben (weil wir ja noch nicht unsterblich sind). Aber es gibt Abkürzungen, die weniger radikal sind.

Denn bevor diese Versuche am Menschen gemacht werden, sind sehr viele Vor-Experimente nötig – und diese sind bereits seit einigen Jahren im Gange. Die gängigsten Vorversuche sind genetische Editierungen an menschlichen Stammzellen mit anschließenden Tests an Modellorganismen.

So wurde zum Beispiel das FOXO3-Gen, das mit Langlebigkeit in Zusammenhang steht, in ESC-Zellen (embryonalen Stammzellen) an zwei Stellen editiert und dann zu verschiedenen vaskulären Zellen (Blutgefäßzellen) weiterentwickelt. In diesen editierten Blutgefäßzellen war das FOXO3-Gen aktiver als in nicht editierten Zellen. Im Vergleich zu diesen haben sich die editierten Zellen, die an ischämischen Verletzungen in einem Mausmodell getestet wurden, schneller regeneriert und waren resistent gegen Tumorbildungen

(Yan, 2019). Das sind vielversprechende Ergebnisse und auf diese Weise werden viele Gene editiert und getestet.

Stammzellen-Gentherapie

Sobald die Vorversuche abgesichert sind, und man sichergestellt hat, dass die Editierung eines bestimmten Gens die erwarteten Effekte in tierischen Modellen ergeben, könnte man eine Gentherapie mit Stammzellen von Proband*innen versuchen. Dazu werden Stammzellen eines Probanden entnommen und in Zellkultur gezüchtet. Die gewünschten genetischen Veränderungen werden dann mithilfe der Genschere-Methode durchgeführt. Die editierten Stammzellen werden weitergezüchtet, bis genügend davon vorhanden sind, und anschließend dem Probanden wieder injiziert. Diese Methode wird derzeit bei mehreren schweren Krankheiten durchgeführt und ist bereits gut etabliert.

Die notwendigen Technologien sind also bereits verfügbar. An embryonalen Stammzellen können mehrere Editierungen gleichzeitig durchgeführt werden. Dann sollten die editierten Zellen sequenziert werden, damit sichergestellt wird, dass nur die gewünschten und keine unerwünschten Editierungen passiert sind. Die Stammzellen könnten danach weiter differenziert und die Embryonen eingepflanzt werden.

Das wahre Problem liegt in der Frage: Welche Gene sollten umprogrammiert werden? Welche Kombinationen von Editierungen können zum Erfolg führen? Die folgenden drei halte ich für besonders relevant:

1 Die Editierung des FOXO4-Gens

Als Erstes würde ich das FOXO4-Gen durch Mutationen so verändern, dass es den Wachmann unseres Genoms, das Protein p53, nicht mehr binden kann. Wir wissen aus dem bereits erwähnten Experiment mit Ratten, dass die Droge FOXO4-DRI, welche diese Interaktion zwischen FOXO4 und p53 unterbricht, alte Mäuse verjüngt hat. Diese erste genomische Editierung sollte die Apoptose alternder Zellen garantieren. Es sind keine besonderen Nebenwirkungen zu erwarten, weil das FOXO4-Gen in jungen Zellen nicht aktiv ist. Dieses Thema wird derzeit im großen Stil erforscht.

2 Die Reaktivierung der Telomerase

Die Enden unserer Chromosomen werden bei jeder Zellteilung kürzer. Es konnte eindeutig gezeigt werden, dass die Lebenserwartung höher ist, je länger die Telomere sind. Das Enzym, das die Telomere verlängert, die Telomerase, ist in den meisten somatischen Zellen inaktiv. Man müsste also die Zellen dazu bringen, ständig Telomerase zu produzieren, um die Telomere lang zu halten. Die Telomere zu verlängern ist eine echte Verjüngung. Ein möglicher Ansatzpunkt wäre eine Therapie mit Stammzellen, in denen das Telomerase-Gen konstant Telomerase herstellt.

3 Stammzellverfügbarkeit garantieren

Komplexe Organismen können sich nicht so gut regenerieren, weil die Anzahl an Stammzellen, die dazu notwendig sind, im Alter zu gering ist. Das vorherrschende Merkmal des Alterns ist ein Verlust an Stammzellen, sodass Organe und Gewebe nicht mehr ordentlich repariert werden können. Alte Stammzellen sind epigenetisch verändert und haben auch zu kurze Telomere. Sie verlieren ihre Fähigkeit, sich zu teilen und sich zu anderen Zelltypen zu entwickeln. Das müsste für eine erfolgreiche Therapie behoben werden. Wie kann man Stammzellen von komplexen Organismen sowohl am Leben als auch funktionsfähig erhalten? Darüber muss noch weiter geforscht werden, aber der Schlüssel könnte wiederum sein, die Telomerase in einem daueraktiven Zustand zu halten. Es konnte auch gezeigt werden, dass das bereits angesprochene Coenzym NAD+ eine wichtige Funktion hat, um den Energiestoffwechsel aufrechtzuerhalten.

Diese drei Editierungen dürften einen sehr großen Schritt in Richtung »ewige Jugend« darstellen. Ob diese Veränderungen negative Nebenwirkungen haben werden, muss natürlich getestet werden und hängt mit Sicherheit vom genetischen Hintergrund jedes Individuums ab.

Für mich persönlich ist das eine sehr attraktive Vorstellung: Ich würde gerne wissen, wie es weitergeht, welche neuen Erkenntnisse die Wissenschaften gewinnen. Die Vorstellung, die Welt immer besser verstehen zu können, ist für mich anziehend und motivierend genug, um mir zu überlegen, was zu tun wäre, um dieses Ziel zu erreichen. Das ist einerseits ein Gedankenexperiment – aber nicht nur. Ich möchte methodisch durchdenken, was dazu alles nötig wäre. Und das ist eigentlich erstaunlich wenig.

Die Vorstellung,
die Welt
immer besser
verstehen zu können,
ist für mich
anziehend und
motivierend genug,
um mir zu überlegen,
was zu tun wäre,
um dieses Ziel
zu erreichen.

13

10 Gebote zum ewigen Leben

Um von der reinen Utopie in die Realisierung überzugehen, könnten wir bereits mit der Umprogrammierung zur ewigen Jugend anfangen.

1 Das Leben genießen und nicht aufs Ausatmen vergessen.
2 Ein Gläschen Rotwein mit reifem Käse genießen.
3 Bewegung, Bewegung und nochmals Bewegung.
4 Kaltes Wasser.
5 NR (Nicotinamid Ribosid) einnehmen.
6 Häufiges Fasten.
7 Sirtfood (Essen, das unsere Sirtuine aktiviert).
8 Sich mit glücklichen Menschen umgeben.
9 Die Verjüngungsdroge FOXO4-DRI nehmen (noch nicht zugelassen).
10 Stammzelltherapie mit editierten Genen, um ewig jung zu bleiben.

Literatur

A

Baar, MP et al. (2017) *Targeted Apoptosis of Senescent Cells Restores Tissue Homeostasis in Response to Chemotoxicity and Aging.* Cell 169; 132–147

B

Brakedal, B et al. (2022) *The NADPARK study: a randomized phase I trial of nicotinamide riboside supplementation in Parkinson's disease.* Cell Metab. 2022 Mar 1;34(3):396–407

C

Cao, L (2021) *Sargahydroquinoic acid (SHQA) suppresses cellular senescence through Akt/mTOR signalling pathway.* Exp Gerontology 151: 111404

D

Dawkins, R (2006) *The Selfish Gene.* Oxford University Press

E

Ellington, AD and Szostak, JW (1990) *In vitro selection of RNA molecules that bind specific ligands.* Nature 346; 818–822

England, J (2014) https://www.youtube.com/watch?v=yF-oDAqyMzG4

Epel, ES et al. (2004) *Accelerated telomere shortening in response to life stress.* Proc. Natl. Acad. Sci USA 101; 17315-5

H

Harrison, DE (2009) *Rapamycin fed late in life extends lifespan in genetically heterogeneous mice.* Nature 460; 392–395

J

Jurenas, D et al. (2022) *Biology and evolution of bacterial toxin-antitoxin systems.* Nature Reviews in Microbiology; doi: 10.1038/s41579-021-00661-1

K

Kaur, H et al. (2018) *Aptamers in the Therapeutics and Diagnostics Pipelines.* Theranostics 8(15); 4016–4032

Kriegman, S et al. (2020) *A scalable pipeline for the designing reconfigurable organisms.* PNAS 117(4); 1853–1859

Kriegman, S et al. (2021) *Kinematic self-replication in reconfigurable organisms.* PNAS 118(49); e2112672118

L **Lander,** ES et al. (2019) *Adopt a moratorium on heritable genome editing.* Nature 567; 165

Liu, P et al. (2017) *Anti-Aging Implications of Astragalus Membranaceus: a well known Chinese tonic.* Aging Dis 8(6); 868–886

M **Madeo,** F et al (2019) *Spermidine: a physiological autophagy inducer as anti-aging vitamin in humans?* Autophagy 15(1); 165–168

N **Njajou,** OT et al. (2019) *Association between telomere length, specific causes of death, and years of healthy life in health, aging, and body composition, a population-based cohort study.* J Gerontology A Biol Sci Med Biol 64(8); 860–864

Nurse P (2021) *Was ist Leben? – Die fünf Antworten der Biologie.* Aufbau Verlag

P **Petralia,** S et al. (2014) *Aging and longevity in the simplest animals and the quest for immortality.* Aging Res Rev, Jul 16; 66–82

Phu, HT et al. (2020) *Herbal Medicine for slowing Aging and Aging-associates conditions: efficacy, mechanism and safety.* Curr Vasc Pharmacol 18(4); 369–393

S **Schaible,** R et al. (2019) *Constant mortality and fertility over age in Hydra.* Proc. Natl Acad Sci 112(51); 15701–15706

Schroeder, R und Nendzig, U (2016) *Die Erfindung des Menschen. Wie wir die Evolution überlisten.* Residenz Verlag

Schroeder, R (2021) *Was ist Leben? Die Geschichte des vielseitigen Moleküls RNA.* Picus Verlag

Schrödinger, E (1944) *What is Life? The Physical Aspect of the Living Cell.* Based on lectures delivered under the auspices of the Dublin Institute for Advanced Studies at Trinity College, Dublin, in February 1943

T **Tasselli,** L et al. (2017) *SIRT6: Novel Mechanisms and Links to Aging and Disease.* Trends Endocrinol Metab 28(3); 168–185

Tuerk, C and Gold, L (1990) *Systematic evolution of ligands by exponential enrichment. RNA ligands to bacteriophage T4 DNA polymerase.* Science 249(4968); 505–510

Y

Yan, P et al (2019) FOXO3-*Engineered Human ESC-derived vascular cells promote vascular protection and regeneration.* Cell Stem Cell 24 (3):447–461

Glossar

A

Apoptose ist ein genetisch gesteuerter und kontrollierter Zelltod, ein von innen ausgelöster Zellselbstmord. Die Apoptose ist wichtig, damit fehlerhafte und überschüssige Zellen entfernt werden können.

ATP steht für Adenosintriphosphat, das unsere Energiewährung ist. Wenn Zucker abgebaut wird, werden die Kalorien, die darin stecken, in Form von ATP gespeichert.

Autophagie ist ein Prozess, bei dem die Zelle sich des Zellmülls entledigt.

B

Blastula ist ein frühes Embryonalstadium bei der Entwicklung vielzelliger Tiere.

C

Chromatin: Die DNA schwimmt nicht »nackt« im Zellkern, sondern ist mit Proteinen, die Histone genannt werden, umwickelt. Diesen DNA-Protein-Komplex nennt man Chromatin.

Chromosomen sind die DNA/Protein-Komplexe, welche die Erbinformation enthalten. Die menschliche DNA ist nicht in einem Stück verpackt, sondern in 2 x 23 Chromosomen. 22 Autosomen (1 bis 22) und dann die beiden Geschlechtschromosomen X und Y.

Codieren: Eine Information mithilfe eines Codes verschlüsseln.

D

DNA steht für Desoxyribonukleinsäure, das Trägermolekül der genetischen Information. Es besteht aus langen Ketten aus dem Zucker Desoxyribose und einer Phosphorsäure. An jeder Desoxyribose hängt einer der vier Bausteine Adenin, Cytosin, Guanin und Thymin.

DNA-Synthesizer ist eine Maschine, die DNA-Ketten in der gewünschten Sequenz im Labor herstellen kann.

E **Enzym** ist ein Eiweißmolekül oder Protein, das in der Lage ist, chemische Reaktionen zu steuern, ohne dabei selbst verändert zu werden.

Epigenetik ist die Lehre, die sich mit der Regulation der Genaktivität befasst, die durch chemische Modifizierungen kontrolliert wird. Es können die Proteine des Chromatins (Histone) modifiziert werden oder auch die DNA direkt. Es wird eine Methylgruppe (CH_3-) an die DNA angehängt, die vor dem Gen liegt und das Einschalten oder Ausschalten bewirken kann.

Epigenetische Modifizierung nennte man die chemischen Veränderungen an den Histon-Proteinen oder an der DNA direkt.

Escherichia coli ist ein Darmbakterium, das ein sehr wichtiger Modellorganismus in der molekularbiologischen Forschung ist.

G **Gene** sind ein Abschnitt auf der DNA-Kette, welcher die genetische Information für die Herstellung eines Genproduktes enthält. Beispiel für Gene:

— **FOXO-Gene** sind eine Familie von Proteinen, die Gene einschalten (Transkriptionsfaktoren), die mit Langlebigkeit zu tun haben. FOXO steht für Forkhead Box, ein Strukturmotiv in Proteinen, die DNA spezifisch binden können. Beispiele, die genau untersucht wurden, sind FOXO3 und FOXO4.

— **FOXO4-DRI** ist ein kurzes synthetisches Peptid, welches das Protein FOX-4 bindet.

— **SIRT1** bis **SIRT7** bezeichnet eine Familie von Genen, die für die Proteine mit dem Namen Sirtuine codieren. Diese sind hochkonserviert und spielen eine bedeutende Rolle bei der epigenetischen Regulation von Genen, die für die Langlebigkeit wichtig sind.

— **TERT** heißt jenes Gen, welches für das Enzym Telomerase codiert, das die DNA an den Enden ihrer Chromosomen mit repetitiven Sequenzen verlängert.

Genetischer Code: Proteine bestehen aus einer langen Kette aus 20 verschiedenen Aminosäuren. Jede Aminosäure entspricht einer aus drei Bausteinen bestehenden Folge auf der DNA beziehungsweise auf der mRNA. Zum Beispiel hat die

Aminosäure Phenylalanin folgende Codes: UUU und UUC; die Aminosäure Alanin: GCU, GCC, GCA, GCG.

Genkarte ist eine Aufzeichnung der Lokalisierung der Gene auf den Chromosomen.

Genom bezeichnet die Gesamtheit der DNA eines Organismus.

Genprodukt: Genprodukte können RNA-Moleküle sein oder ein Protein (Eiweißmolekül).

M

Multienzymkomplex: Enzyme, die den gleichen Stoffwechselweg kontrollieren, schwimmen oft nicht einzeln in der Zelle herum, sondern assemblieren sich zu größeren Komplexen aus mehreren Proteinen.

Mutante: Organismus, der eine oder mehrere Veränderungen auf der Erbinformation hat. Im Prinzip sind alle Wesen Mutanten, weil es kaum zwei identische Lebewesen gibt. Ausnahmen sind Klone und eineiige Zwillinge. Aber auch deren DNA ist nicht zu 100 Prozent identisch, weil bei jeder Zellteilung Variationen entstehen.

Mutation nennt man Variationen auf der DNA-Sequenz.

N

NAD+ steht für Nicotinamid-Adenin-Dinukleotid, ein Coenzym für Redoxreaktion des Stoffwechsels. Es bindet als »Hilfsmolekül« an etliche Enzyme, die für den Energiemetabolismus in den Mitochondrien wichtig sind. Zum Beispiel sind Sirtuine NAD-abhängige Enzyme.

P

PCR steht für Polymerase Chain Reaction und ist ein Verfahren, um die Menge der DNA zyklisch zu vermehren. Bei jedem Zyklus wird die DNA verdoppelt, daher handelt es sich um ein exponentielles Verfahren. Geringste DNA-Mengen können auf diese Weise nachgewiesen werden.

Polyamine sind Moleküle, die aus kurzen Kohlenwasserstoffketten und endständigen Aminogruppen (-NH2) bestehen. Da sie positiv geladen sind, können sie mit der negativ geladenen RNA und DNA wechselwirken. Beispiele sind Spermin und Spermidin.

Proteine sind Eiweißmoleküle, die aus 20 verschiedenen Aminosäuren bestehen können. Kurze Proteine (bis circa 20 bis 50 Aminosäuren lang) heißen Peptide. Sie haben unterschiedlichste Aufgaben in den Zellen: Sie steuern chemische Reaktionen (Enzyme), regulieren Signalwege (Hormone), bilden die Strukturen der Zellen (Strukturproteine) und vieles mehr.

R

Ribonukleinsäure (RNA) ist die aktive Form des Gens. Wird die Information eines Gens gebraucht, wird die DNA in Form von RNA abgeschrieben. Es gibt unterschiedlichste Formen der RNA. Die mRNA, messenger RNA, enthält den genetischen Code, also die Information, um ein Protein (Eiweißmolekül) herzustellen.

Ribosom: RNA/Protein-Komplex, der den genetischen Code auf der mRNA übersetzt und das Protein herstellt, das auf der jeweiligen mRNA kodiert ist.

S

Saponine sind eine große Familie von Pflanzeninhaltsstoffen, die so heißen, weil sie in Wasser aufgelöst schäumen. Sapon heißt Seife. Sie schützen die Pflanzen gegen Pilze, eine Aktivität, die fungizid genannt wird.

Seneszent: Synonym für alternd.

Sequenz ist die Reihenfolge von Bausteinen auf einem Molekül. Die DNA-Sequenz ist die Reihenfolge der vier Basen (Adenin, Cytosin, Guanin und Thymin) auf der DNA-Kette, bei Proteinen ist die Sequenz die Reihenfolge der 20 Aminosäuren auf der Proteinkette.

Signalwege: Zelluläre Signalwege sind eine Reihenfolge von Enzymen, die Signale (Botenstoffe) von außerhalb der Zelle nach innen bis in den Zellkern leiten, um Gene zu regulieren. Beispiele für Signalwege:

— **Insulin/IGF-1-Signalweg** steht für Insulin-like growth Factor 1, der für die Steuerung des Zellwachstums verantwortlich ist.

— **Akt/mTOR-Signalweg** ist ein intrazellulärer Signalweg, der den Zellzyklus reguliert und die Balance zwischen verschiedenen Zuständen wie Ruhe, Wachstum, Differenzierung, Apoptose und Zellalterung steuert.

Stammzellen sind Zellen, die sich einerseits identisch verdoppeln können (auch Proliferation genannt) oder sich asymmetrisch verdoppeln, was dann zu einer Tochterzelle führt, die nicht mehr identisch mit der Mutterzelle ist (Differenzierung). Es gibt unterschiedliche Grade der Differenzierung: **Omnipotente Stammzellen** (embryonale Stammzellen) können sich zu allen Zellen differenzieren und einen ganzen neuen Organismus bilden. **Pluripotente Stammzellen** können auch alle Zelltypen bilden, jedoch keinen ganzen Organismus.

T

Transformation (genetische): Unter genetischer Transformation versteht man die Einführung fremder DNA in einen Organismus, damit dieser das entsprechende Genprodukt (meistens ein Eiweißmolekül) herstellen kann. So können transformierte Bakterien menschliches Protein, zum Beispiel Insulin, herstellen. Das auf diese Weise hergestellte Protein nennt man dann »rekombinantes Protein«, um auf die Herstellungsmethode hinzuweisen.

Transkription: Prozess, bei dem die genetische Information von der DNA abgeschrieben wird und in Form von RNA (Ribonukleinsäure) hergestellt wird. Die RNA ist die aktive Form der genetischen Information.

Transkriptom nennt man die gesamte RNA einer Zelle.

Tumorsupressorprotein p53 ist ein sehr wichtiges und intensiv beforschtes Protein. Es ist ein Transkriptionsfaktor, das bedeutet, dass es für die Einschaltung von Genen verantwortlich ist. Dieses Protein ist in vielen Tumoren mutiert und wird als Wächter des Genoms bezeichnet, weil es den Zellzyklus reguliert, bei der Reparatur von DNA-Schäden die dafür zuständigen Gene aktiviert. Außerdem schaltet es die Gene für die Apoptose (den kontrollierten Zelltod) ein.

X

Xenopus laevis: Auf Deutsch Krallenfrosch. Er ist einer der am häufigsten verwendeten Modellorganismen in der genetischen Forschung, weil seine Eier und Embryonen sehr groß, sehr zahlreich und leicht zugänglich sind. Viele Erkenntnisse der Entwicklungsbiologie sind mit diesen Froscheiern und Embryonen erarbeitet worden.

Dank

Mein Dank geht an Ursel Nendzig für die Korrektur und Formatierung des Textes. Es ist immer ein Vergnügen, mit Dir zu arbeiten!

Mischa Messer und Ilsebill Barta danke ich für die guten Vorschläge zur Verbesserung der Verständlichkeit.

Ich möchte mich bei Hannes Androsch und Judith E. Innerhofer für die Anregung und Motivation bedanken, dieses Buch zu schreiben. Es hat viel Spaß gemacht, dieses Thema für meine Mitmenschen zugänglich zu machen. Ich freue mich schon auf die Reaktionen und die vielen Diskussionen, die folgen werden.

Die Autorin

Renée Schroeder, geboren 1953 in Brasilien, studierte Biochemie in Wien und New York, habilitierte sich für Genetik und leitete das Department für Biochemie und Zellbiologie an der Universität Wien. Die international renommierte Wissenschaftlerin leistete Pionierarbeit, etwa in der Erforschung der RNA. In Zusammenhang mit der Covid-19-Pandemie und den mRNA-basierten SARS-CoV-2-Impfstoffen erhielt die Ribonukleinsäure, deren Eigenschaften Schroeder mehr als vierzig Jahre lang höchst erfolgreich erforschte, große öffentliche Aufmerksamkeit.

Die vielfach ausgezeichnete Molekularbiologin, deklarierte Umweltschützerin und Autorin betreibt seit ihrer Pensionierung einen Bergbauernhof, engagiert sich in der Vermittlung von Wissenschaft an eine breite Öffentlichkeit und ist eine vielbeachtete Stimme bei großen gesellschaftspolitischen Fragen.

© Gianmaria Gava

Impressum

Liebe Leser*innen,
wir sagen Danke, dass wir Sie auf Ihrer Lesereise begleiten durften. Viele weitere Bücher für spannende Debatten und Denkanstöße finden Sie unter

www.brandstaetterverlag.com

Für Informationen und weitere Titel aus der Reihe **Auf dem Punkt** besuchen Sie

ISBN 978-3-7106-0648-9

1. Auflage, 2022

Designed in Austria, printed in Europe

Grafische Gestaltung: Capitale Design Studio
Schriften: Grotta, Novel Pro
Redaktionelle Mitarbeit: Ursel Nendzig
Lektorat: Teresa Profanter
Projektleitung: Judith E. Innerhofer
Redaktionelle Mitarbeit des Herausgebers:
Trautl Brandstaller & Christian Müller

Wir tragen Verantwortung

Der Inhalt dieses Buchs wurde auf hochwertigem, FSC©-zertifiziertem Naturpapier gedruckt. Dieses Papier trägt darüber hinaus ein Zertifikat auf dem Cradle to Cradle Certified® Silver Level.

Das Forest Stewardship Council® ist eine internationale Nichtregierungsorganisation, die weltweit eine umweltfreundliche, sozial gerechte und wirtschaftlich tragfähige Bewirtschaftung der Wälder fördert. Cradle to Cradle® zielt auf ein ökologisch verträgliches Wirtschaften in sich wiederholenden Rohstoff-Produkt-Kreisläufen ab.

Für die Druckproduktion und Endfertigung wurde auf umweltfreundliche, ressourcenschonende und schadstofffreie Produktionsweisen und Materialien geachtet. Die Druckerei ist FSC© und PEFC™-zertifiziert, regelmäßige Audits erfolgen im Rahmen der internationalen Umweltmanagementnorm ISO 14001 (Nr. 35025/C/0001/UK/En).

Diese international anerkannten, unabhängigen und regelmäßig überprüften Standards gewährleisten eine umweltgerechte, sozial verträgliche, nachhaltige und ökonomisch tragfähige Nutzung entlang der gesamten Wertschöpfungskette Holz, vom Baum bis zum Buch.

€ 2,50 11/24